智能家居

从设计到落地

Smart Home

摩呦 著

江苏凤凰科学技术出版社 · 南京

图书在版编目（CIP）数据

智能家居 ：从设计到落地 / 摩呦著 . -- 南京 ：江苏凤凰科学技术出版社，2025. 5. -- ISBN 978-7-5713-5223-3

Ⅰ . TU241-39

中国国家版本馆 CIP 数据核字第 2025TY3006 号

智能家居　从设计到落地

著　　者	摩　呦
项目策划	凤凰空间 / 庞　冬
责任编辑	赵　研
责任设计编辑	蒋佳佳
特约编辑	庞　冬
出版发行	江苏凤凰科学技术出版社
出版社地址	南京市湖南路 1 号 A 楼，邮编：210009
出版社网址	http://www.pspress.cn
总 经 销	天津凤凰空间文化传媒有限公司
总经销网址	http://www.ifengspace.cn
印　　刷	北京博海升彩色印刷有限公司
开　　本	710 mm×1 000 mm　1 / 16
印　　张	10
字　　数	128 400
版　　次	2025 年 5 月第 1 版
印　　次	2025 年 5 月第 1 次印刷
标准书号	ISBN 978-7-5713-5223-3
定　　价	68.00 元

图书如有印装质量问题，可随时向销售部调换（电话：022-87893668）。

前言

PREFACE

做好水电预留，
住进理想中的全屋智能家

智能家居在搭建过程中的学习成本比较高，近几年，在实际工作中经常有朋友问我各种各样的问题，所以我才萌生了写一本书来帮助大家解决问题的想法。

本书旨在帮助装修小白或者零基础爱好者搭建全屋智能家居，**其中最重要的是智能设计搭建的逻辑和思路，因此本书的侧重点为：在装修过程中如何做好全屋智能产品的水电预留。**基于装修的特殊性，这一阶段对后期家居智能化程度和体验感影响比较大，我希望可以减少一些信息差，给想打造全屋智能的读者带来启示，让大家在装修过程中少走一些弯路，多一些愉快的体验。

书中推荐的很多智能产品是我用过的，非常好用，其中的搭建做法也很实用，希望大家用起来舒服、体验感拉满。可能书里的一些建议看起来会有些苛刻，但请读者相信，我的初衷是和大家站在一起的，而非为难大家。如果确实做不到，也可以寻求替代性方案。

由于笔者的局限性，本书无法讲解所有的智能家居品类及其发展情况，对智能家居装修过程中的很多细节，也无法做到面面俱到，希望读者能够海涵。

坦白地说，写作期间我的心情十分复杂。一方面，我希望通过本书能真正给喜欢智能家居、想打造全屋智能的读者一些帮助；另一方面，我也担心市场变化太快，科学技术和智能产品在不断迭代，而图书的出版流程相对较长，万一某些内容过时了，会给读者带来困惑。但一位朋友告诉我：一本书不可能解决读者的所有问题，如果读者看了这本书，收获了新知识或者少踩了几个坑，那就是值得的。

感谢他解答了我的困惑，因此希望看到本书的你具有怀疑精神、批判精神，无论书里还是网络上的信息，看到你认为有启发的地方，一定再去求证一下是否足够准确。

此外，感谢我的家人、“粉丝”和合作伙伴，写作期间他们给了我全力的支持和无私的帮助，没有他们，就没有这本书。最后感谢诸多智能家居品牌方和创始人，他们常常给予我灵感，让我在智能家居这条道路上越走越远。

摩呦

2025 年 1 月

目录
CONTENTS

第 3 章　智能家居的设计及落地

第 1 章
初识 智能家居

虽然国外智能家居发展得比较早，但是国内智能家居发展的速度更快。本章主要让读者对智能家居有一定的基础认识，了解我国智能家居发展的现状，知道全屋智能现在能做什么，之后才能更好地设计自己的智能家居方案。

第 1 节 我国智能家居的发展现状

智能家居在国内发展速度很快，尤其是在无线智能家居领域，涌现了非常多的新兴品牌。这一方面依托于国家政策的大力支持，另一方面也受益于近十多年来房地产行业的蓬勃发展。现如今，很多用户不再满足于只是通过语音交互或者手机 APP 控制家居产品，而是希望智能家居产品之间能够形成一个体系，因此诞生了全屋智能系统。

国家政策大力支持

自 2015 年以来，国家各级部门就在不断推动物联网以及智能智慧家居建设，早在 2017 年，国务院就在《国务院关于进一步扩大和升级信息消费持续释放内需潜力的指导意见》中指出：鼓励企业发展面向定制化应用场景的智能家居“产品 + 服务”模式，推广智能电视、智能音响、智能安防等新型数字家庭产品……

智能家居逐步走入大众视野，获得全面发展。

2023 年，商务部、国家发展改革委等 13 个部门发布了《商务部等 13 个部门关于促进家居消费若干措施的通知》（以下简称《通知》），《通知》指出，支持企业运用物联网、云计算、人工智能等技术，加快智能家电、智能安防、智能照明、智能睡眠、智能康养、智能影音娱乐等家居产品研发。发挥消费平台大数据作用，支持企业开展家居产品反向定制、个性化设计和柔性化生产。促进智能家居设备互联互通，建立健全标准体系，推动单品智能向全屋智能发展。开展数字家庭建设试点。

《通知》明确，支持家居卖场、购物中心等设置智能家居体验馆、品质家居生活馆等体验式消费场景，探索家居零售与文娱休闲、创意设计等多业态融合发展。

《通知》强调，支持居民更换或新购绿色智能家居产品、开展旧房装修。

至此，智能家居不再只是单一产品的智能化，而是一个全屋相互联动的整套体系，这无论是对产品的硬件、软件，还是对整个网络和系统的稳定性都提出了更高的要求，因此有越来越多的爱好者入局，或成为创始人，或成为从业者、推动者。

全屋智能产业发展迅速

如今，随着物联网、人工智能等技术的日臻成熟，智能家居产品种类日益丰富，涵盖了智能家电、智能照明、智能安防等多个领域，极大地满足了消费者多样化的需求。智能家居也进入工装、家装领域，比如智慧酒店、智慧楼宇、智慧学校等，应用场景更丰富。据统计，中国智能家居市场规模快速增长，预计未来几年内将达到万亿元级别。

↑智慧楼宇（图片来源：海尔）

↑智慧酒店

全屋智能作为智能家居的高级形态，已经成为市场的新宠。通过物联网技术，家中的各种设备可以实现互联互通，实现智能化、自动化控制。用户只需通过语音指令或手机 APP，就能轻松管理家中的灯光、空调、窗帘、安防等设备，享受便捷舒适的智能家居生活。

我国的全屋智能产业也已发展为有线全屋智能和无线全屋智能两大体系，甚至对全球智能家居行业的发展也产生了深远影响。

第 2 节 智能家居在家装中的发展

全屋智能经历了有线智能和无线智能两个阶段

无论国内还是国外，智能家居始终与室内装修有着紧密的联系，从最开始的智慧楼宇到智能房屋。全屋智能总体经历了两个阶段，简单来讲就是有线智能和无线智能，两者最大的区别在于是否需要提前大量布线。

有线智能，即所有的智能产品都需要通过物理线路来联动和通信，其在工业领域运用广泛，历史悠久，技术成熟。无线智能产品不需要提前布线，直接通过紫蜂（ZigBee）、无线（Wi-Fi）或者其他通信协议来传输数据，不需要物理线路的连接，因此对装修的依赖度比较低。

↑有线智能家居需提前布线

有线智能家居以国外品牌为主，因其有着较为深厚的历史积淀，产品线也相对比较丰富。比如康朔孚（Control 4）、快思聪（Crestron）、摩根智能（Moorgen）、赛万特（Savant）、霍尼韦尔（Honeywell）等，不同的品牌有不同的特色，比如摩根智能，其产品设计独特、款式多样。

↑康朔孚

↑快思聪

↑摩根智能

↑赛万特

↑霍尼韦尔

近几年以华为可编程逻辑控制器（PLC）有线智能为首的，国内有线智能产品也快速发展，不过相对于国外品牌，仍有很大的市场潜力。

因为有线智能家居需要提前布置所有产品的物理线路，所以限制性很高，一旦装修完成，很难再变动。此外，有线智能的整体造价也比较高，少则几万元，多则几十万元。如果你的预算较高，那么可以找专业设计师或商家全程对接整个装修过程，个人无须太操心。

→华为智慧生活 APP 截图

无线智能市场前景广阔

随着大众对智能家居了解得越来越深入，无线智能家居应运而生，也更适合普通用户（装修新手）。目前国内的无线智能以小米生态链、华为为主要代表，也有很多新生代品牌，比如绿米联创旗下的智能品牌“智慧的家”（Aqara）、易来（Yeelight）智能照明等。

无线智能产品不需要提前布线，对装修限制较低，容易上手，所以很多业主都开始购买和安装，但它也有局限性，比如信号有时不够稳定，容易掉线，这给很多智能家居爱好者带来了困扰。

↑无线智能家居产品使用过程中容易掉线

有线智能和无线智能对比

类别	优点	缺点
有线智能	高可靠性和稳定性，应用广泛，技术成熟	需要提前布线，成本较高
无线智能	成本低，不用提前布线，灵活性高，方便后期扩展	存在供电问题，稳定性比有线智能要低

新的智能阶段出现：无线智能有线化

智能家居发展到第三个阶段：无线智能有线化。顾名思义，无线智能产品原本不需要在装修前期预留管线，但为了让业主有更好的居住体验，设计师可以提前介入装修过程，做好线路预埋。虽然这样做会增加成本，但总体在可控范围内，能够让业主享受到有线智能的便利，性价比较高。

这也是本书要传达的重点：花无线智能的钱，让业主享受大部分有线智能产品带来的舒适体验。我认为这将是未来智能家居的发展趋势。前期装修时做好预留，后续在智能产品的配置过程中会更加自由。

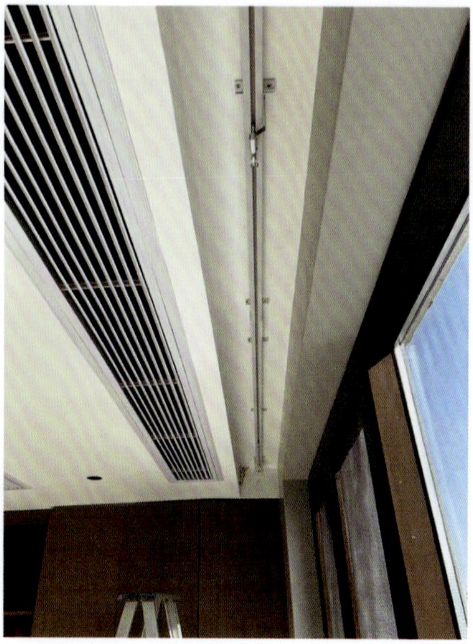

↑预留智能窗帘盒轨道

第 3 节 用户心中的智能家居和实际的全屋智能

用户心中的智能家居

曾经有一位“粉丝”问我：“我想早上一睁开眼，窗帘就自动调整到半开状态，智能床自动抬起，智能音箱自动播报天气和音乐。要是我没有醒，就还是维持原状，安安静静地等待下次指令。摩呦老师，我需要买哪些智能产品呢？”后面还有一群人附和：“这种场景我也想拥有。”

真正懂智能家居或者体验过的业主就会知道，这个要求虽然不高，但对目前的智能产品而言，仍无法实现。

↑卧室智能场景

不少智能家居爱好者对全屋智能存在一些误解，比如回到家打开门，智能音箱就会主动问我需不需要打开电视机，需不需要打开空调等，但自己买回来使用时，才发现和想象的完全不一样。因此，很多人觉得购买智能家居产品是交“智商税”，被骗了。其实，这是我们对智能家居的认知出了问题。

智能家居设计的底层逻辑

这里我们需要了解智能家居设计的底层逻辑，目前的智能产品还无法做到主动执行任务。比如你回到家就自动执行某些动作、自动询问需求等，而是必须在满足某些条件下才触发它的执行，也就是如果满足某条件，就执行某一动作，或者当某条件发生，就执行某个动作。

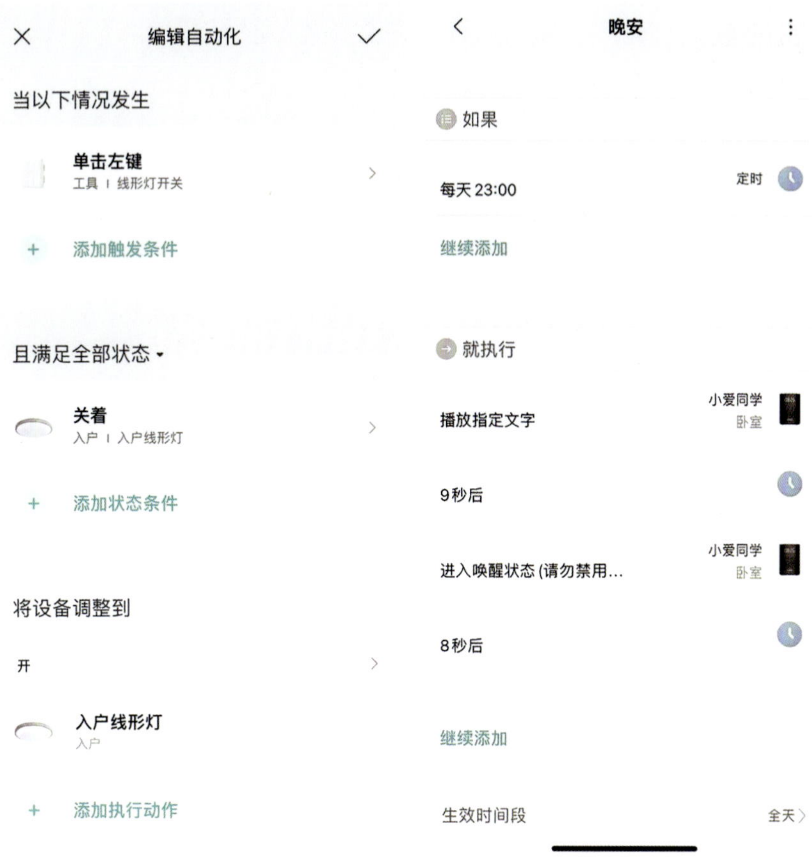

↑智能家居场景设置页面

新事物的发展必然要经历几个不同的阶段才能成熟，我们也不用太过失望。智能产品虽然需要触发条件，但已经可以做到触发后完成多个产品动作，实现场景一键完成，大大方便了我们的生活。

比如夜晚回家场景，智能门锁识别到第一个人到家，进家门时，玄关灯带会缓缓亮起。当换完鞋子，客餐厅的灯光也已经调整为合适的色温，窗帘缓缓关闭，电视机也自动打开，业主只需要走到沙发区坐下来即可。这一系列动作可以通过智能门锁一键触发完成，非常方便。

因此，在我们正式设计自家的全屋智能系统之前，一定要知道智能家居能帮助我们做什么，不能做什么，以及其底层逻辑是什么。这样无论是前期设计还是后期安装调试，我们都会更加得心应手。即使请线下服务商全程对接，沟通效率也会更高。

↑客厅回家场景

第 2 章

智能家居的装前必知

智能家居设计的领域很广泛，而本书中全屋智能的范围要相对窄一些。本着落地和实用的原则，本章我们主要讲解软件方面的知识。第 1 节是做智能家居前要了解的基础知识，比如全屋 Wi-Fi、智能家居生态、通信协议、网关和智能家居场景等。第 2 节是打造全屋智能之前，要搞清楚房屋类型。第 3 节是简单介绍智能装修的预算。

全屋智能设计和装修紧密相关，随着人工智能的发展，相信今后的装修成本会越来越低，智能化程度也能达到前所未有的高度。

第 1 节 基础知识

全屋 Wi-Fi

全屋网络又可以称为全屋 Wi-Fi，是指整套房子或整栋楼的网络覆盖。随着网络的普及和发展，以及大家对手机和电脑依赖程度的加深，全屋网络已变成不可忽略的问题，网速也极大地影响着我们的生活体验。

1. 5G 和 2.4G 网络

在组网之前，我们需要了解家庭用网设备一般要连接哪个频段的网络。5GHz 和 2.4GHz 都是 Wi-Fi 通信的主要频段，两者各有特色。手机、电脑、电视机等都是连接 5G 网络，它具有频率高、传输速度快的特点，但其波长较短，因此穿墙能力相对较弱。而智能家居产品，比如智能门锁、窗帘电机、扫地机器人等，都是连接 2.4G 网络，它的穿墙能力要优于 5G 网络，不过传输速度比较慢。因此，在连接产品时应选择正确的网络频段。

5G 和 2.4G 网络对比

频段	连接终端	优点	缺点
5GHz	手机、电脑、电视机	频率高、传输速度快	波长较短，穿墙能力较弱
2.4GHz	智能门锁、扫地机器人、窗帘电机等智能产品	穿墙能力优秀，覆盖面广	传输速度比较慢

2. 要想智能体验好，全屋网络先组好

很多用户对网络的认识还比较基础，比如玩手机、电脑不掉线，下载电影速度快，上网流畅等，对网络产品的认识也大多停留在路由器的上行下载速度上。

早期的很多智能家居建设并没有把全屋网络纳入进去，导致智能产品频繁掉线，尤其是很多 Wi-Fi 协议的产品，还被归因为智能家居的产品质量或联动问题。其实，只有把网络问题解决了，智能家居的体验感才会更好。

因此，全屋网络的规划是不可缺少的，我做智能方案的第一步就是规划网络，包括组网方式、产品选择、装修预留等。智能家居的网络规划，不仅要注意网络的上行下载速度，还要重点关注 Wi - Fi 覆盖的广度和同 IP 地址无缝漫游。

一些智能家居产品分布在家庭空间边缘处，比如智能电动窗帘机、智能晒衣架，还有一些产品会在全屋使用，比如扫地机器人，因此必须都在同一个 IP 地址下，才能保证正常使用。

↑智能产品掉线无法使用

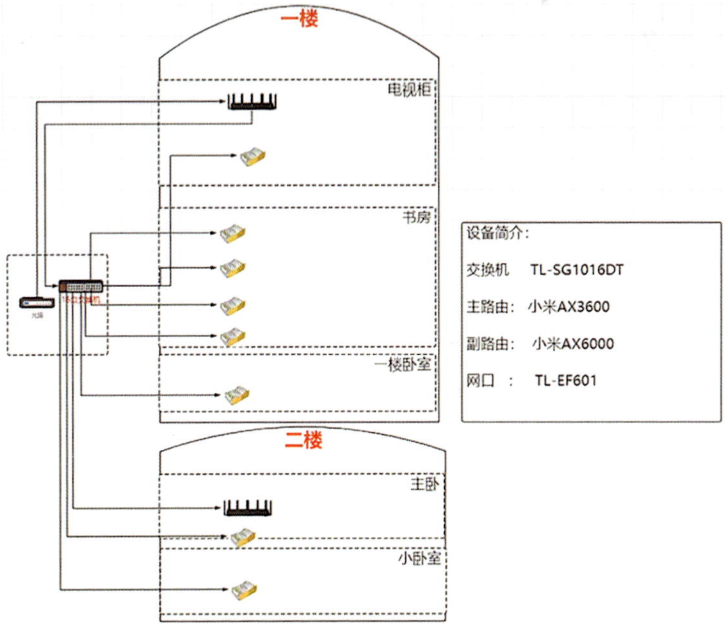

↑网络规划图

3. 家用组网网络搭建方式

基于全屋智能网络的特性，下面介绍两种主流的家庭网络搭建方式：有线网格（Mesh）和接入控制器 + 无线接入点（AC+AP），两者各有优缺点。

有线 Mesh 组网的特点是性价比高、灵活性强，方便后期升级，是我最推荐的家庭网络搭建方式。我自己 300 m^2 的工作室也是用路由器构建有线 Mesh 网络的。

AC+AP 组网方式，在别墅、酒店和办公楼里比较常见，在大规模网络里优势明显，AC 集成性能高、带机量大，靠网线供电，AP 节点维护管理比较方便，但需要花时间管理。

目前，联通、电信、移动三大运营商一直在力推的光纤入户（FTTR）组网也属于有线 Mesh 组网。FTTR 组网的路由器用的是光纤，有线 Mesh 组网用的是网线，两者只在设备选择上有所区别。

有线 Mesh 和 AC+AP 组网方式对比

组网方式	优点	缺点
有线 Mesh	性价比高，灵活性强，方便后期升级	需提前布线，做好预留
AC+AP	AC 集成性能高，带机量大，依靠网线供电；AP 节点维护管理比较方便	需要专门维护管理，成本高

智能家居生态

智能家居目前已经发展到平台阶段，以小米、华为、苹果等公司为代表，涌现了一批面向家装用户的平台和品牌。作为智能用户，我们首先要选对平台，因为各平台之间相互排斥，选定之后再更换的成本会比较高，所以应对其有基本了解。

1. 建议新手从三大生态中选择

智能家居生态，简单理解就是手机 APP，即你用哪个 APP 就是使用哪个智能家居生态。如果选择了小米智能家居生态，就一定会用米家 APP。目前，常见的智能家居生态有 3 个：小米智能家居生态、华为生态和苹果智能家居套件（HomeKit）生态，95% 的智能家居用户都在这三个生态中选择。

↑米家 APP　　↑华为生态　　↑苹果 HomeKit 生态

当然，市面上也有影响力小一点的智能家居生态，比如绿米的 Aqara Home、易来的 Yeelight Pro，甚至一些家电品牌也入局了智能家居领域，比如美的的美的美居和海尔的三翼鸟。

如果你第一次接触智能家居，或者对智能家居还不太熟悉，那么我建议直接从小米、华为和苹果这三大生态里选择一个。

↑ Aqara Home　　↑ Yeelight Pro　　↑美的美居　　↑海尔三翼鸟

2. 性价比较高的智能家居平台

生态之所以叫生态，最大的特点在于其内部的开放性，比如小米生态，不仅可以兼容小米自家的产品，还可以兼容其他品牌的产品。小米、华为和苹果这三大生态，各有各的优势。个人认为小米生态链的性价比最高，因为小米生态链中的品类齐全，不仅包含全屋智能产品，各种大小家电也可以接入其中。

苹果生态链的产品联动自由度高、自动化条件丰富，自适应调光和快捷指令都非常好用。

价格上限最高的是华为生态链，尤其是有线智能家居 PLC，其成本高，而且需在装修前介入，限制较多。不过华为也做了一些单品突破，以及后装市场的无线智能产品，目前发展得也很好。

三大智能生态对比

生态	优点	缺点
小米	性价比高，低端、中端、高端产品一应俱全，产品数量丰富，选择性强	选择性过强，用户容易选择困难，部分产品的质量可能一般
华为	包括有线智能家居 PLC 和无线智能产品	价格上限最高，成本最高，需装修前介入
苹果	联动自由度高，自动化条件丰富，自适应调光和快捷指令好用	价格较贵，生态链多样性一般，选择范围受限

3. 双生态产品

在日常生活中，我们每个人使用的手机系统不同，有安卓系统，也有苹果系统，因此想要打造小米和苹果双生态都能使用的智能家居系统，可选择的产品比较有限。如果预算足够，则可选择 Yeelight Pro 线下产品，其可支持双生态。

小米体系里一些单品可以支持双生态，比如小米智能门锁全自动 Pro、小米 1S 台灯、青萍空气检测仪 Lite、小米多模网关等单品。注意：选择双生态产品时，一定要选择支持双生态的网关。

↑小米 1S 台灯（图片来源：小米官网）

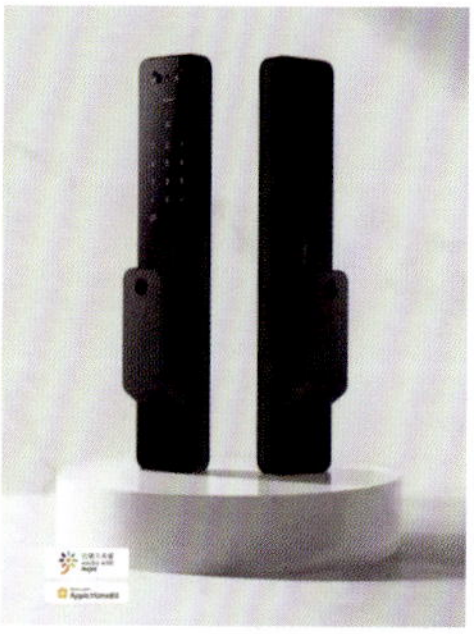

↑小米智能门锁全自动 Pro（图片来源：小米官网）

↑青萍空气检测仪 Lite（图片来源：青萍官网）

通信协议

1. 新手优选的通信协议产品

通信协议就是智能产品接入网络的方式，我们常见的协议有 Wi-Fi、红外、蓝牙等，比如电视机、空调遥控器都是红外协议控制的，而智能家居领域目前主流的协议有 Wi - Fi、蓝牙 / 蓝牙 Mesh、Matter、ZigBee、星闪等。

↑ Wi - Fi 协议

↑蓝牙 / 蓝牙 Mesh 协议

↑ Matter 协议

↑ ZigBee 协议

↑星闪协议

建议新用户选择小米生态的蓝牙 Mesh 协议产品，其入门简单，使用方便，性价比高。智能家居产品的信息详情页和包装上都会标明两个信息：一是支持的生态，比如支持小米、接入 HomeKit；二是协议，比如蓝牙 Mesh 协议、ZigBee 协议等。

↑产品生态信息

↑产品协议信息

2. 协议和智能生态的关系

同一生态内有不同协议的产品，比如小米生态有蓝牙 Mesh、Wi-Fi、Zigbee 等协议的产品，华为生态也有 Wi-Fi、蓝牙 Mesh、星闪等协议的产品。不同生态内也有同样协议的产品，但因为生态的限制，虽然协议相同，但仍无法直接联动。比如，苹果 HomeKit 生态内 ZigBee 协议的产品不能直接和小米生态里 Zigbee 协议的产品联动。

因此我们在选择智能产品时，首先选同一生态的，其次看产品的协议，最后决定需要配备什么网关。

网关

1. 网关是必不可少的智能家居产品

大多数智能家居产品无法直接接入智能家居生态，因为智能家居产品都有对应的通信协议，比如 Wi-Fi、蓝牙等。网关就像一座桥梁，将智能设备接入智能生态中。

网关是智能家居系统的核心，负责设备之间的通信和控制，也是独属于智能家居设计的设备，因此打造全屋智能家居系统绕不开网关，但并不是所有的智能产品都需要网关，比如 Wi-Fi 协议的产品，可以直接接入家庭中的 2.4G 网络，不需要网关。

↑ 网关的桥梁作用

网关分为内置网关和独立网关。内置网关，比如小米智能家庭屏 Pro 8 内置了蓝牙 Mesh 网关，主要负责设备信号的中转，而独立网关可以进行本地数据的存储和计算，因此建议在家庭中配置独立网关。

↑智能家庭屏（图片来源：小米官网）

2. 要想体验好，一定要配置中枢网关

在智能家居里，中枢网关的主要作用是管理、协调、调度设备等，是实现本地化场景，存储和调用数据必不可少的产品。小米生态的中枢就是小米中枢，苹果 HomeKit 生态里，HomePod、HomePod mini 以及 Apple TV 也都是中枢网关。

小米中枢网关可以将接入的蓝牙或蓝牙 Mesh 协议、Wi-Fi 协议以及从网关下的 Zigbee 协议设备的数据储存到本地。通俗说，就是本地化的联动不会受到外部网络的影响，直接在局域网内进行联动。

↑小米中枢网关

配置中枢网关实现本地化之后，有两大优势：一是网络延迟可以忽略不计，二是断网仍可使用。这也是某些产品直接接入家庭网络联动不一定好的原因。

和本地化相对应的是云端存储，大概在三年前，几乎所有智能产品都在云端存储。当然，现在也无法完全避免云端存储，尤其是很多需要外界信息的联动，比如天气、日出日落等。

注意：设备接入中枢网关不代表就一定能进行本地联动，如果联动的其他设备无法本地化，那么还是需要云端联动。

3. 如果中枢网关连接的设备达到了上限，则建议配置备中枢

一个网关接的设备越多，就越考验它的负载能力，负载过重的话，网关就会崩溃。从网关或内置网关接入的设备一般不要超过 30 个，才会运行稳定。各品牌的主力网关，官方给出的接入数据是 200 多个设备，实际上如果超过 80 个设备，就可以配置备中枢或者第二个网关，这样家里智能产品的运转才会更加流畅。

↑易来 Pro S20 网关

如果超过负载，主力网关崩溃了，那么所有的设备都会掉线，需要重新配置，会影响正常使用。备中枢也是中枢网关，只是当一个家庭中配置第二个甚至更多中枢网关时，这些产品会变成备中枢。它们不参与计算，只起到信号补强的作用。优点是当中枢网关出现故障时，备中枢就直接替代中枢网关工作。

4. 要想实现本地化，设备还可以接入从网关

由于中枢网关会有很多限制，比如受限于协议，小米中枢网关只支持蓝牙、蓝牙 Mesh 和 Wi-Fi 协议，不支持 ZigBee 协议。如果使用了 ZigBee 协议的产品，想要进行本地化，就只能接入小米中枢的从网关。

←智能多模网关
（图片来源：小米官网）

从网关对应的是盲网关，是指能被中枢网关调度的网关，也能接入中枢网关，受中枢网关统一管理，也就是说接入从网关的子设备也能进行本地化联动。而盲网关正好相反，它就像是一个游子，无法被中枢网关控制，因此子设备只能进行云端联动。

如果觉得盲网关没有太大作用，那么配置了中枢网关之后可以手动关闭盲网关产品的网关功能，将设备接入其他从网关中即可。

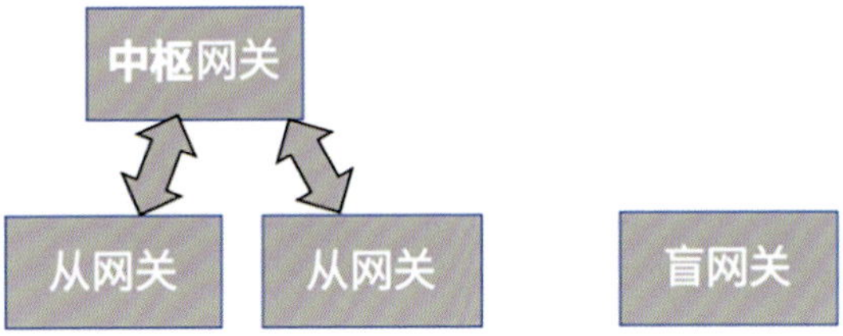

↑从网关与盲网关

↑手动关闭盲网关功能页面截图

小贴士

根据产品协议确定网关类型

购买什么网关不是拍拍脑袋就能决定的，而是由你前期想购买的产品决定的。每个产品都有对应的协议，根据协议选择支持这些协议的网关就好。大部分独立网关都支持多种协议，但内置网关一般只支持一种协议，根据智能家居方案选择即可。不是所有的产品都需要网关，比如 Wi-Fi 协议的产品，这类产品直接配置好，添加到生态中即可。

搭建智能家居场景

1. 智能家居场景搭建

智能家居场景的搭建非常重要，只有了解智能场景，才能知道智能家居到底能实现什么，同时再次明确我们的需求。当然，搭建智能场景也需要充分发挥我们的想象力和创造力。

第 35 页图所示是我为一套 4 室 2 厅 2 卫的大平层业主设计的智能家居场景，涵盖了日常使用的常见场景。玄关区域有回家模式、离家模式，厨房区域有烹饪模式，客餐厅区域有就餐模式、观影模式、会客模式，卧室有起床模式、睡眠模式和起夜模式，书房有电竞模式。具体场景氛围见第 35 页图和第 35、36 页列表，也可以后期再添加一些个性化需求，比如聚会模式、工作模式等。

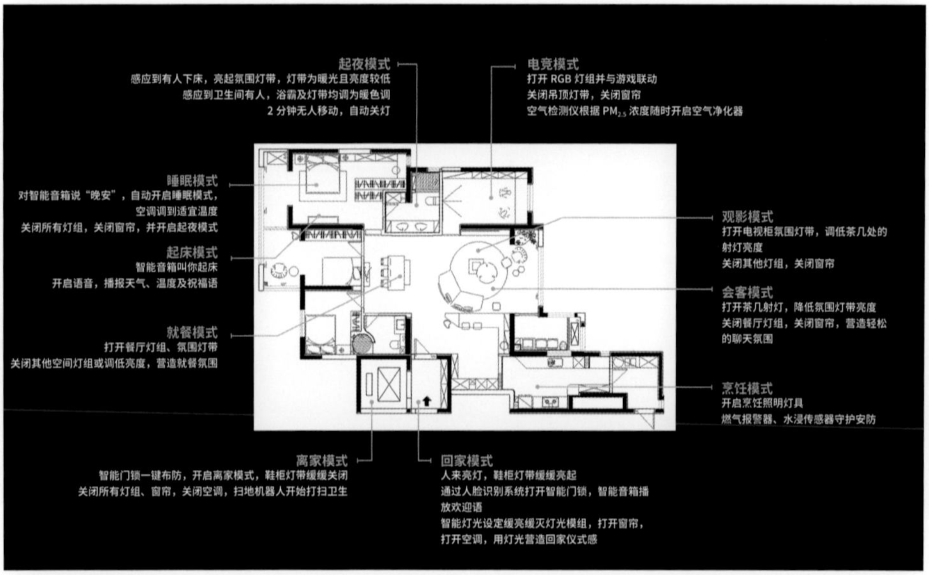

↑智能场景搭建

智能场景搭建

空间	场景	场景氛围
玄关	离家模式	智能门锁一键布防，开启离家模式：鞋柜灯带缓缓关闭；关闭所有灯、窗帘，关闭空调，扫地机器人开始打扫卫生
	回家模式	人来亮灯，鞋柜灯带缓缓亮起；通过人脸识别功能打开智能门锁，智能音箱播放欢迎语音；智能灯光设定缓亮缓灭灯光模组，打开窗帘，打开空调，用灯光营造回家仪式感
厨房	烹饪模式	开启烹饪照明，燃气报警器、水浸传感器守护安全
客餐厅	观影模式	打开电视柜氛围灯带，茶几射灯亮度自动调低；关闭其他灯组，关闭窗帘
	会客模式	打开茶几射灯，氛围灯带亮度自动降低；关闭餐厅灯组，关闭窗帘，营造会客聊天氛围
	就餐模式	打开餐厅灯组、氛围灯带；关闭其他空间的灯组或调低亮度，营造温馨的就餐氛围

续表

空间	场景	场景氛围
卧室	起床模式	智能音箱叫你起床，打开窗帘，开启氛围灯；开启语音播报：天气、温度预报及祝福语
	睡眠模式	对智能音箱说“晚安”，开启睡眠模式，并将空调调到适宜温度；关闭所有灯组，关闭窗帘，并开启起夜模式
	起夜模式	感应到有人下床，亮起氛围灯带，灯带为暖光且亮度较低；感应到卫生间有人，浴霸及灯带均调为暖色调；2 分钟无人移动自动关灯
书房	电竞模式	打开 RGB 灯组，与游戏联动；关闭吊顶灯带，关闭窗帘；空气检测仪根据 $PM_{2.5}$ 浓度随时开启空气净化器
其他	玩耍模式	客厅灯光亮度自动调高，达到 90%；打开窗帘，智能音箱播放轻音乐
	浪漫模式	氛围灯光调到暖光模式，亮度达到 30%，温暖不刺眼；窗帘关闭，智能音箱播放浪漫的音乐

↑客厅日常场景

↑餐厅就餐场景（图片来源：易来官网）

↑书房电竞场景

可能一些场景的变化或产品的联动，会让读者感觉奇怪，这是因为智能场景的设计因人而异，适合业主的才是最好的。此外，场景模式最核心的需求是呈现仪式感，关键是与之前的生活体验有所变化，让人产生不一样的感受。因此不喜欢仪式感的人很可能觉得多余，根据个人需求和喜好设置即可。

如果刚开始接触全屋智能，对智能场景和产品不太了解，就可以直接按照上表进行设计。具体需要哪些产品才能实现以上场景，以及需要如何预留水电才能达到预期效果，我们将在第 4 章案例部分进行详细讲解。

2. 智能场景的实现

想要实现理想中的智能场景，就要做好智能家居方案规划、产品选型、水电预留以及产品的安装和调试。方案规划不仅包含产品类型，还包括产品的摆放位置、搭配建议等。产品选型除了产品的外观、颜色要与家庭装修风格保持一致，还要注意产品的生态、协议，以及产品的更新换代等。

水电预留极为重要，因为装修完成之后，返工的可能性极低，所以应在前期做好功课。不过即便做了充分准备，也仍然会有遗憾，这一点装修过的业主都深有体会，很难做到尽善尽美。

产品的安装和调试也不可忽视，不过不用过于担心。智能家居产品的安装相对比较简单，动手能力强的业主可以自己来操作。现场调试这一块需要多发现、多挖掘，大胆尝试产品的不同功能。

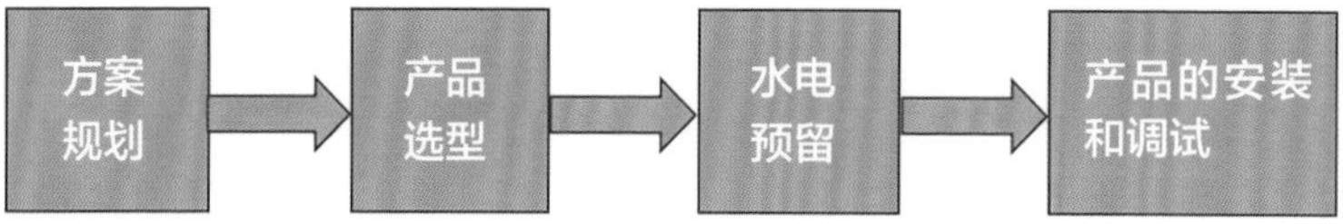

↑智能家居搭建流程

第 2 节　房屋情况

这里的房屋情况根据智能家居的产品和打造方法的不同进行区分，主要指的是房屋装修前（前装市场）和装修后（后装市场），两者的区别在于是否进行水电预留。

全屋智能越早规划越好

前装市场，顾名思义，就是毛坯房或者房屋尚未进入水电改造阶段。由于全屋智能和装修关系密切，装修是否完成对全屋智能的打造起着决定性作用，因此全屋智能设计一定要尽早规划，这样才有时间改正错误，升级产品。

无论是自己设计，还是请专业的室内设计师或线下智能门店帮忙搭建，90% 以上的案例都是在水电改造之前开始准备的，这也是本书重点讲解装修预留的原因。

↑毛坯房，水电改造未完成

明确需求是重中之重

在新房收房或者老房拆改结束后，房屋的结构就大致确定了，这时就可以开始考虑全屋智能设计。最重要的一点是明确自己和家人的需求，这里包括两方面的需求：预算需求和对智能场景的需求。

智能家居旨在为业主提供高度个性化的服务，因此同样的场景可能造价天差地别。有些用户总觉着设计师给自己做的方案太贵了，事实上这是因为他对智能设计了解得比较少，同时没有明确自己的预算需求。

智能场景的需求直接决定了我们购买的产品品类及预算，比如回家场景、离家场景，就会涉及玄关、客餐厅的智能产品；观影场景、会客场景需要在客厅打造；晚安场景、早安场景、起夜模式就需要在卧室做智能设计。

↑观影场景

装修完成后再做智能设计需更努力

装修完成（后装市场）是相对前装市场来说的，比如精装房，房子的风格、水电走位基本定型，改造成本比较高。如果想要打造全屋智能家居，产品的选择会比较受限，只能选择一些基础配件进行搭建，或者安装在比较明显的地方，这样会影响使用感受。因此，如果做精装房的全屋智能设计，则需要花费更多的时间，做足功课才能达到较好的效果。

虽然本书主要讲解装修前如何打造智能家居，但是其中内容对装修完成后的业主也有一定的参考意义。

↑精装房，室内水电改造已完成

第 3 节　智装规划

提前做好规划

无论你准备自己打造智能家居，还是请室内设计师来帮忙，明确智能需求和规划设计是第一步。下图是我为一套 3 室 2 厅 2 卫房子的业主做的智能灯光产品规划点位图，比较简单。装修公司已为业主做好了照明设计，业主也确定了产品品类——以智能吸顶灯、智能灯带和智能磁吸轨道灯为主，后期做好预留即可。

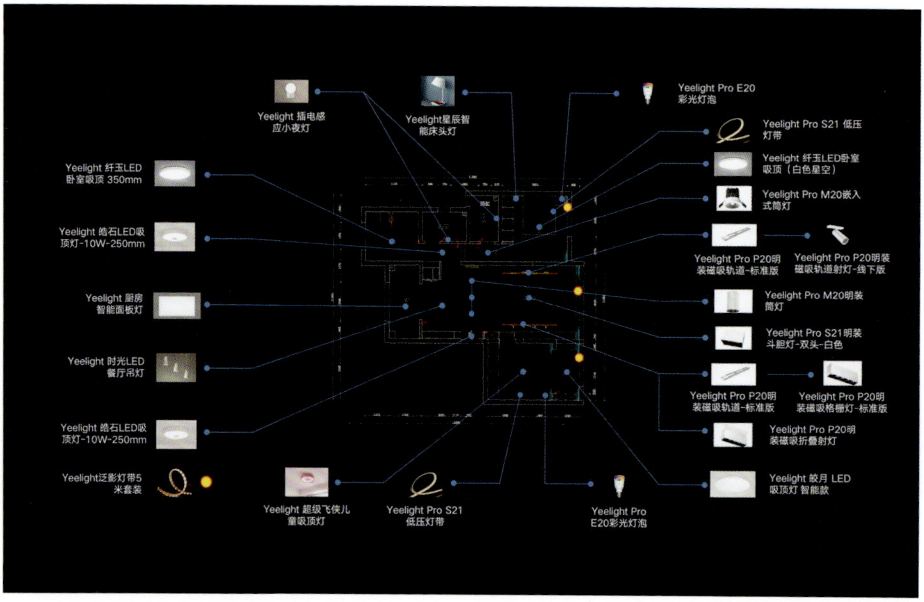

↑智能家居灯光产品规划设计

做智能家居设计需要提前规划哪些方面？我认为最重要的一点是明确需求。在明确需求、智能场景规划和装修预算之后，也要考虑清楚使用什么生态，进而选择相应的产品、协议等。智能家居的新品和新技术不断涌现，前期需要搭建好基础，后期再增加或者迭代会很简单。

拿出装修总预算的 5% ~ 10% 来做智能设计

同样的房屋，预算 3 万元能装修下来，30 万元也可以。智能家居设计也是如此，因此我们一定要提前做好预算规划。

一般来说，我建议拿出装修费用的 5% ~ 10% 进行智能家居设计。一方面，全屋智能设计中部分产品和装修中的品类有交集，智能规划会减少其他装修类别的工作量，并降低相关预算；另一方面，无论预算高低，只要搭配得当，都可以做出相应的智能场景。

智能家居常见品类包括：网络产品、网关、安防产品、智能灯具、智能开关、智能温控产品、智能音箱、智能窗帘等。其中，网络产品、网关、智能开关和智能音箱是基础。安防产品、智能窗帘和传感器大部分用户也都会配置，其他产品可以根据自己的需求配备。

对智能场景影响最大的要数智能灯具了，智能灯具占装修总预算的比例也最高。在全屋智能设计的过程中，最重要的也是灯光设计。

小贴士

预算有限的话，可选择智能和非智能设计相搭配

如果装修预算有限，除了减少智能产品的品类，还可以采用智能和非智能设计相搭配，比如在客餐厅和主卧区域打造智能场景，而次卧、客房可以设计得简单一些或者不做智能设计。但我还是建议要在电竞房或书房做智能设计，因为这个空间原本也是娱乐休闲的区域，比较重视体验感。

第 3 章
智能家居的设计及落地

常见的全屋智能设备有智能门锁、智能摄像头、网关、智能开关、智能灯具、智能音箱、传感器和智能家电等。

随着市场需求越来越大，智能产品的功能也越来越齐全。比如智能门锁可以分为指纹智能门锁、人脸识别智能门锁、指静脉智能门锁等，所对应的功能也有很大差异。当然，智能产品的功能越多，价格也就越高。

第 1 节　全屋网络组建要点

如何组建智能家居全屋网络

1. 注意 Wi-Fi 覆盖广度和同 IP 地址无缝漫游

规划全屋网络有两个要点：Wi-Fi 覆盖的广度和同 IP 地址无缝漫游。在你做完全屋智能设计后，家里每一个角落可能都安装了智能设备，比如卫生间有智能浴霸、阳台有智能晾衣架和智能窗帘电机。如果 Wi-Fi 覆盖不到位或者信号强度差，这些智能设备就会时不时离线，影响正常使用。

同 IP 地址无缝漫游也非常重要，这要求 Wi-Fi 覆盖范围广。很多房子需要两台甚至三台路由器，而智能设备只能连接一个 Wi-Fi。比如扫地机器人在全屋打扫清洁，如果家里有多个 Wi-Fi 地址，扫地机器人就会难以回到原位，甚至你打开手机时发现它正处于离线状态，导致使用中问题不断。

↑阳台处的智能梦幻帘

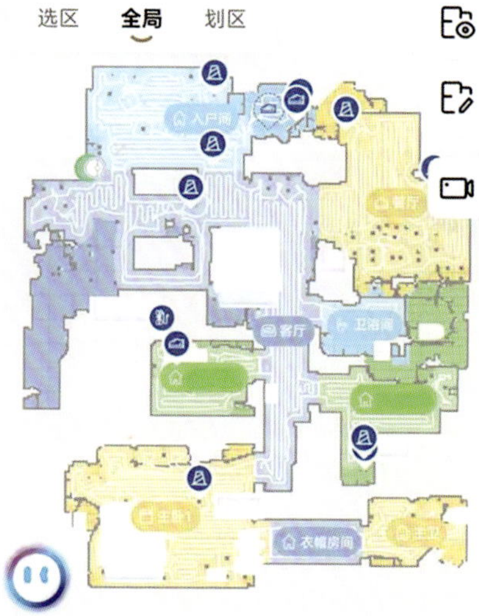

↑扫地机器人清洁轨迹

2. 在水电改造之前规划好全屋网络

在做水电改造时，直接按照全屋网络的规划去设计或者修改。比如设计完有线 Mesh 方案，还可以隐藏路由器。很多品牌的路由器为了能达到更强的性能，其体积会翻倍，还有各种天线。

为了提升居室的美观度，我们可以将主路由器放在电视柜或者中央空调回风口吊顶里。这样既方便检修，又不会占用太多空间。如果你家是大平层或者别墅，则可以在电视柜旁边加做弱电箱柜，方便集中管理。

↑弱电箱柜外部

↑弱电箱柜内部，方便集中管理

副路由器则需要根据房子的户型和承重墙的位置来设置，一般会被放在书房或者其他卧室。

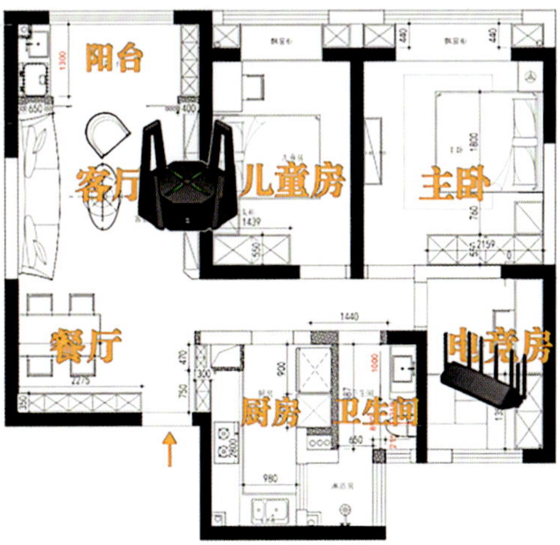

→主、副路由器放置位置参考

选择合适的组网方式

1. 组建有线 Mesh 网络

有线 Mesh 组网方法就是将一根入户光纤接入弱电箱的光猫，将光猫接线到主路由器，再从主路由器接一根网线到交换机。这样网络信号通过有线的方式，经交换机传输到全屋的各个网络接口和副路由器。

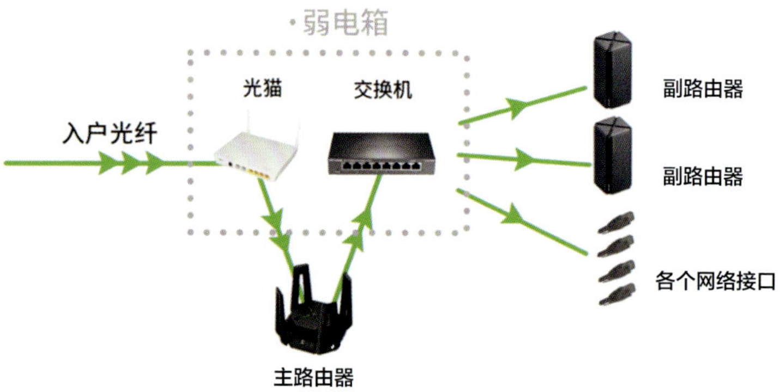

↑有线 Mesh 组网

要实现有线 Mesh 组网，需要光猫、交换机、主路由器和副路由器。光猫和交换机大多位于入户弱电箱内，只需要在弱电箱里留个插座供电就可以了。一般通信运营商都会赠送光猫，不需要单独购买，而交换机选择最普通的即可，不需要带 POE 供电的交换机。

↑光猫

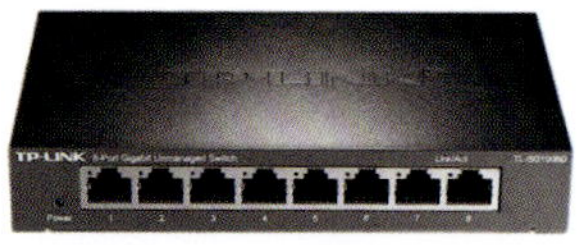

↑交换机

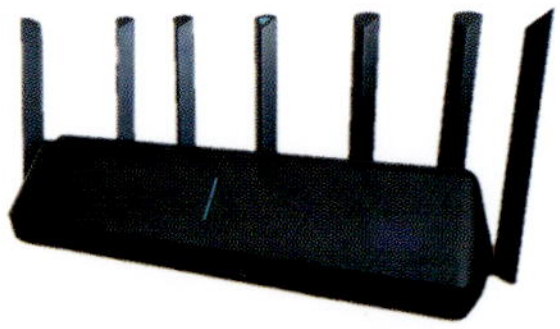

↑副路由器

（1）有线 Mesh 组网的路由器选择

建议选择同一个品牌同一系列的路由器作为主、副路由器。主路由器很好确定，副路由器的数量则根据房屋面积以及承重墙的数量来确定。一般来说，路由器穿过一堵墙之后的效果良好，穿过两堵墙之后就需要加装副路由器或者更换位置了。

↑路由器

随着有线Mesh组网方式的普及，越来越多的品牌推出了适合用于有线Mesh 网络的路由器以及路由器套装。

（2）有线 Mesh 组网网线数量

家庭入网接入弱电箱里的光猫和交换机都需要提前预留插座，一般装修公司都会在玄关处预留好，而真正要注意的是家中网线和网络接口的布置。无论是毛坯房还是精装房，装修公司的通常做法是在电视柜里拉一条网线、留一个网络接口，在卧室床头柜和床尾分别拉一根网线，留好对应的网络接口。这样做过于简单，无法进行有线 Mesh 组网，需要重新规划和改造。

↑在床尾预留网络接口

在布置网线以及网络接口时，有一个不踩坑的方案：在放电视机和电脑的地方各拉 3 根网线，在主路由器处拉 2 根网线，在其他空间或者副路由器处预留 1 条网线就足够了。根据现阶段的网络情况来判断，有线的稳定性比无线强，电脑、电视盒子需要 1 根网线直接入网，体验感才有保障。而电视机旁边的另外两条网线可以供主路由器使用，两条一进一回，必不可少。

放置电脑的地方也会有其他用网设备，比如网络存储服务器（NAS），用于存储电影、游戏等，用网线连接会大大提高读取速度。路由器后面也会有不少网络接口，这些可以连接网关、游戏机（比如 PS5、Switch）等。

↑有线 Mesh 网线及网络接口布置

小贴士

前期规划好网线数量，后期省钱又省心

大家不用担心增加网线费用太贵，网线的价格通常都不高，几百元就能轻松搞定，对比后期重新更换的成本，可以说是很低的。

（3）案例分享

这个毛坯房是 4 室 2 厅 2 卫，使用面积约 110 m^2，因为业主想要打造全屋智能家居，所以必须保证每个房间都有稳定的网络。业主选择了经济实惠的有线 Mesh 组网和超六类非屏蔽网线，同时使用对应的弱电管道。我们将主路由器放在了电视机柜处。由于书房两侧都是承重墙，因此布置了 2 个副路由器，分别放到主卧和书房，需要做的预留如第 51 页图所示。

↑有线 Mesh 组网预留

至此，有线 Mesh 和水电预留基本完成，后期产品购买和安装也非常简单。前期准备越充分，后期的使用体验会越舒适。

2. 组建 AC+AP 网络

很多别墅、大户型业主会选择 AC+AP 的组网方式，大部分室内设计师也都推荐这种方式。

（1）AC+AP 网络搭建

AC+AP 组网带机量比较多，一般需要专门的公司上门设计和布线安装，而且安装调试比较烦琐，因此不需要自己去搭建，只要知道基本原理即可。

完整的 AC+AP 网络系统主要由三个部分组成：光猫、AC/POE 一体化路由器（简称 AC 一体机）和 AP 面板。可以将 AC 一体机和光猫直接放在弱电箱中，在弱电箱里连接网线和接电，而将 AP 面板分配到各个房间。根据安装位置，分为两种——墙壁式和吸顶式，可以直接安装到墙壁上或贴到吊顶上。现阶段华为、普联技术（TP-LINK）等品牌已有非常成熟的方案，可以直接采用。

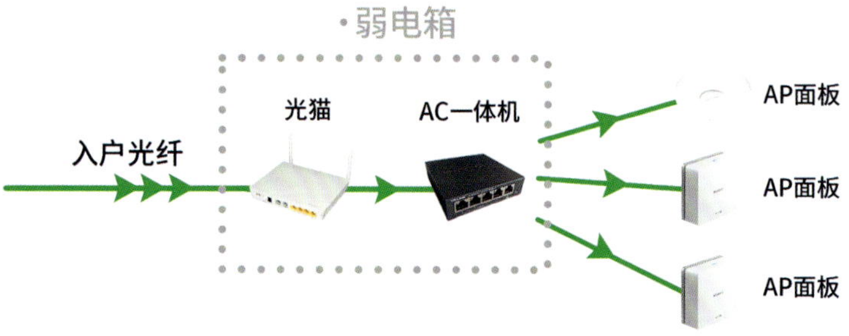

↑ AC+AP 组网

↑ AC/POE 一体化路由器

↑吸顶式 AP 面板

↑墙壁式 AP 面板

（2）AP 面板

AC+AP 组网最重要的是网线排布，因为 AP 面板只需连接网线，不用单独接电。AP 面板的信号遇到墙壁会受到影响，所以如果使用墙壁式 AP 面板，那么每个房间都需要一个面板，直接接到网络接口处。吸顶式 AP 一般布置在空间的中心位置，需要在吊顶里布置网线，而且网线最好预留得长一点，以防万一。这些也是 AC+AP 组网方式造价昂贵的原因之一。

（3）案例

第 53 页图所示的业主家的使用面积是 110 m^2，如果用 AC+AP 进行组网，就需要 1 个 AC 一体机、4 个吸顶式 AP 面板和 2 个墙壁式 AP 面板，才能实现网络无死角覆盖，确保网络的稳定性，造价在 3000 元以上。另外，墙壁式 AP 面板也会因发热问题而影响效果和使用寿命。

不过 AC+AP 组网有一个优点，不需要做太多预留工作，选择六类网线和 PVC 管线就可以。AC+AP 组网造价高，同样的户型，可能造价比有线 Mesh 组网多出 1 倍，甚至更多。

↑ AC+AP 组网预留

装修施工注意事项

有线 Mesh 组网的前期工作一般包括网线的选择或更换、电源插座和网络接口的预留等。

1. 预留网络接口和电源插座

采用有线 Mesh 组网时需注意路由器都是需要插电的，如果将路由器隐藏起来，则需要规划好电源插座。电视机柜后面的插座越多越好，方便后期升级各种娱乐设备。如果主路由器布置在空调回风口吊顶里，那么需要预留 2 根网线和 1 个插座。

↑有线 Mesh 组网电源插座和网络接口预留

2. 使用六类及以上网线

购买网线时，直接选择六类及以上网线（传输速率高，稳定性更好），屏蔽线一定要接地，网络接口和网络面板也要匹配，这样预留可以给未来的网络升级留有空间。

精装房交付时一般默认是五类网线，这时就需要更换为六类及以上的网线。一般在做水电改造时进行抽拉更换，可以直接找电工进行专业判断和操作，不建议业主自己操作。

在抽拉更换或加拉网线的过程中，还需要把弱电管线更换成管径为 25 mm 或 30 mm 的 PVC 线管，这是因为六类网线要比五类网线粗一些，而且有些地方还会多拉 2 条网线，所以必须更换弱电管道。这也有助于后期升级更换网线，为未来的网络扩展预留空间。

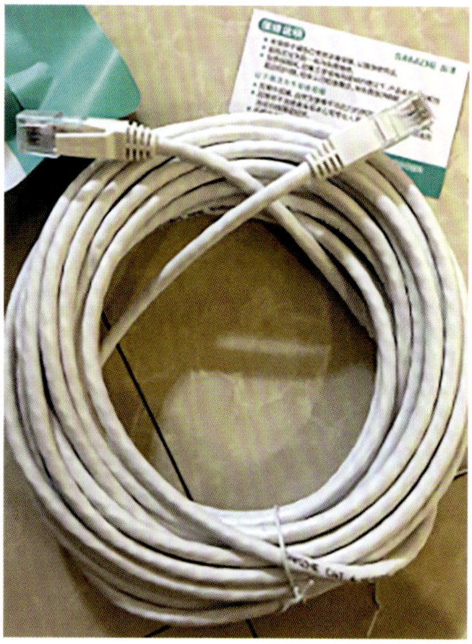

↑六类网线

↑弱电管线预留

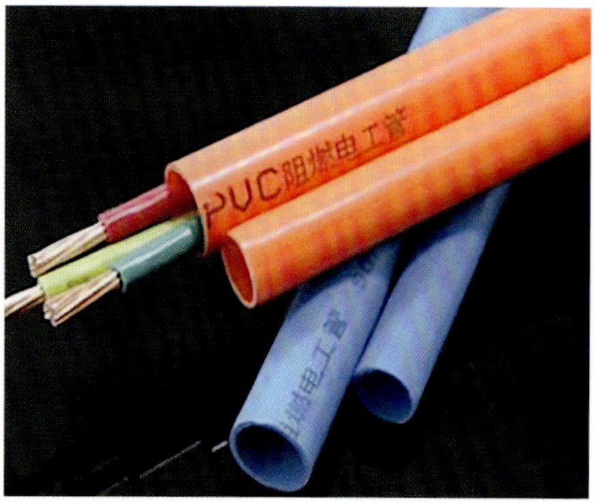

↑管径为 30 mm 的 PVC 弱电管线

五类网线和六类网线对比

网线类型	网线外皮线上标注	传输频率	线芯尺寸
五类	CAT 5	100 MHz	0.45 ~ 0.51 mm
六类	CAT 6	250 MHz	0.56 ~ 0.58 mm

打造智能家居，一定要提前规划好全屋网络。智能家居所需网络要求同 IP 地址无缝漫游，因此推荐有线 Mesh 组网，选用第六代无线网络技术（Wi-Fi 6）以上的路由器。随着第七代无线网络技术（Wi-Fi 7）的逐步推广，相信未来网络问题不再是制约用户使用智能家居的问题，同时也会激发新的家居创意。

全屋网络产品的装修预留

分类	产品	放置位置	预留方式
全屋网络	光猫	弱电箱中	电源插座
	交换机	弱电箱中	电源插座
	主路由器	电视机柜中或客餐厅空调进风口吊顶处	2 根网线和电源插座
	副路由器	主卧进门空调进风口吊顶处	1 根网线和电源插座

第 2 节 网关

网关分为内置网关和独立网关

网关是控制中枢的一种，也是智能家居必不可少的组成部分。网关的种类多样，不同的网关对应不同的协议，主要分为内置网关和独立网关，其中内置网关的有小爱音箱、苹果的 HomePod、空调伴侣插座、智能插座以及智能摄像头等，不需要专门做预留，根据产品特征进行布置就可以。接下来要重点讲解独立网关。

↑小爱音箱（内置网关）

↑ HomePod（内置网关）

↑路由器（内置网关）

独立网关的配置和装修预留

1. 将中枢网关放在室内中心位置

↑中枢网关

任何生态都有其独立的网关系统，所以在做预留之前，要先确定使用什么生态系统，大致确定想采用哪个品牌的产品以及协议，整套房间需要多少网关，怎么分配位置。比如小米生态，目前首选是蓝牙 Mesh 协议产品，要配置小米中枢网关，因为它可以实现本地化，配置高，带机量大，功能强。

蓝牙 Mesh 产品都有中继功能，因此面积为 120 ~ 150 m^2 的三室或四室房型只需要一个中枢网关，布置在房屋中心位置即可。如果全屋智能产品的数量超过了 200 个，那么可以增加中枢网关作为备用。

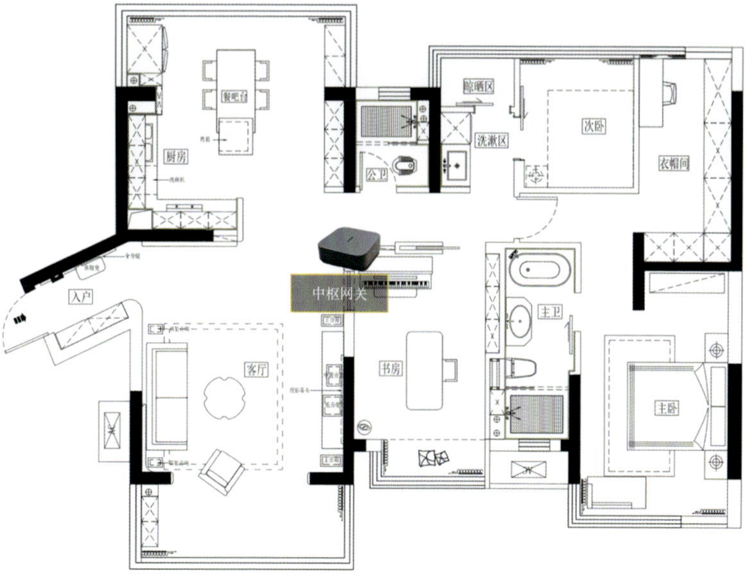

↑中枢网关布置图

小米智能多模网关可以作为 ZigBee 信号的补充，但是 ZigBee 协议产品没有中继功能，因此一套 120 ~ 150 m^2 三室或四室的房子至少需要 3 个网关才能实现全部覆盖。因此不推荐 ZigBee 协议的网关和产品。

许多品牌的网关都可以接入中枢实现本地化。为了实现本地化，尽量不要选择盲网关。如果购买了带网关功能的其他设备，那么记得把网关功能关掉，以免干扰信号。

2. 好的网关需要接电和联网

独立网关分为接网线和不接网线两种，需要接网线的网关都是各个品牌最重要的网关，可以说好的网关都需要接网线。常见的需要接网线的网关有小米智能中枢网关、易来 Pro 智能网关、绿米 Aqara M2 智能网关，一定要提前预留好网络接口和插座。

在做有线 Mesh 组网时，可以将路由器放在吊顶里隐藏起来。同样地，网关也可以和路由器放在一起，这样不用特意预留网络接口、插座。

目前，市面上几款不需要接网线的网关，基本上都是绿米 Aqara 系列的。不同类型网关的接电方式不太一样，比如绿米 Aqara E1 智能网关就是接 USB 口，可以直接插在电脑主机上，而绿米 Aqara M1S 智能网关自带插头，直接插在插座上就可以。

↑将网关隐藏在吊顶中

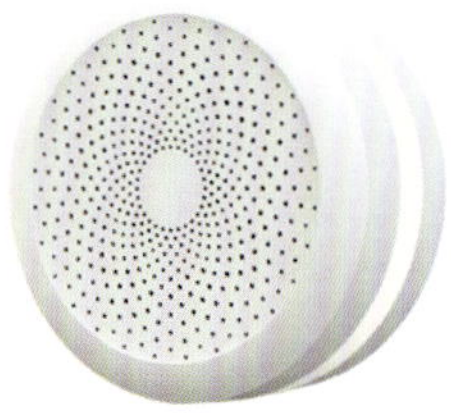

↑智能网关

小米的智能多模网关 2 不接网线也可以使用，只需要预留插座。

小贴士

预留独立网关的电源插座和网络接口

越是品质好的网关，越需要插电和联网。虽然一些网关不接网线也可以正常使用，但我还是建议装修时提前预留好电源插座和网络接口，这样后期升级或者更换设备，有更大空间。

网关是智能家居中必不可少的产品，想要有舒适和更高级的体验，网关产品一定要配好，其地位与网络配置同等重要。如果预算有限，那么其他产品的预算都可以删减，但是网关的费用不能省。

智能网关的装修预留

分类		产品	放置位置	预留方式	备注
智能网关	需要接网线	智能中枢网关	电视机柜	网线和电源插座	和路由器放在一起；有线 Mesh 组网时，在吊顶上做隐藏设计，记得多预留电源插座
		Pro 智能网关	电视机柜	网线和电源插座	
		M2 智能网关	电视机柜	网线和电源插座	
	无须接网线	智能网关 E1	根据个人需求放置	—	—
		智能网关 M1S	电视机柜	电源插座	—
		智能多模网关 2	电视机柜	电源插座	—

第 3 节　智能安防产品

随着人们对于家庭智能场景的需求越来越高，针对不同家庭的智能安防产品也越来越丰富。这些产品不仅可以保障居家安全，防患于未然，还能在第一时间发出警报，给予反馈，联动制止。

智能安防产品分类

智能安防类产品包括智能摄像头、智能门、智能门锁以及各种传感器，比如水浸传感器、雨水传感器、烟雾报警器、燃气报警器等。在传统家装设计中，几乎没有这类产品的踪影，我们做智能家居的设计时，会新增很多预留位置，因此在做水电时就需要提前和装修师傅沟通好细节。

↑智能摄像头

↑智能门

↑智能门锁

1. 智能门锁和摄像头的普及度最高

在智能安防领域，智能门锁和摄像头是目前接受度最高的产品，几百元就能买到指纹识别和密码门锁了，有很多精装房甚至直接为业主配备了智能门锁，不过后者只有基础的功能。真正的智能门锁一定能够与全屋智能系统相互联动，这就离不开生态的统一。

2. 智能门锁必不可少

智能门锁一般用在入户位置，价格从几百元到上千元不等，主要区别在于开锁方式、猫眼摄像头和室内大屏显示的不同。2024 年已经出现了很多集成人脸识别、指纹开锁、可视猫眼和室内大屏功能于一体的智能门锁。

据调查，用过人脸识别功能的用户就不会再使用指纹识别功能了，无论是识别速度还是使用便捷度，人脸识别智能门锁都更有优越性。

↑人脸识别智能门锁

3. 智能门也是不错的选择

近几年，随着智能家居的接受度越来越高，市场规模越来越大，一些智能家居新品类也应运而生，智能门就是其中之一。虽然还在发展初期，智能门的功能还需要进行更多拓展，但已经有不少用户开始尝鲜，认可度也在不断提升。

曾经有一位智能用户算过一笔账，他想买一款质量好的入户门（带人脸识别智能锁），也想做全屋智能，预算大概需要 1 万元。而一扇智能门也就是这个价，还可

↑智能门（图片来源：云鹿官网）

以解决智能锁后期的充电问题，而且使用智能门的用户不多，能体现自己的品位与众不同，非常符合他的需求。最后他果断安装了智能门，甚至还考虑在这个产品发展还没有“内卷”时，在当地开一家智能门线下店。

如果说智能门锁可以让对智能家居感兴趣的用户低成本参与，那么智能门一定是新装修用户的福音，可以让整体装修更有格调，富有科技感，入户就给人眼前一亮的感觉。

4. 根据需求布置摄像头

智能摄像头的运用要更加广泛一些，最初也是从工装领域开始的。现今已经有不少专门做摄像头或摄像机的头部品牌了，产品也从单一方向向多角度、多镜头和专门用途发展。比如近期出现了很多双摄摄像头和宠物摄像头。

↑双摄摄像头

↑宠物摄像头

家用摄像头的位置应根据居住者的使用需求来定，比如有安装在庭院中、门口、过道和阳台处的安防监控，也有安装在客餐厅活动区的，可以监控老人、小孩，甚至有一些安装在养宠物的阳台或者独立的宠物房的，这些区域都可以用摄像头进行监控。大部分智能家居爱好者都能独立使用和安装摄像头，期待未来有更多更人性化的产品出现。

↑庭院内的摄像头

↑客餐厅里的摄像头

智能安防产品的装修预留

1. 在入户处预留插座，便于给门锁充电

大部分的智能门锁都是依靠干电池供电，一些产品增加了内置锂电池给猫眼、室内大屏等供电。虽然不同配置门锁产品的耗电量不同，不同家庭使用的频率不同，但产品续航都在 3 ~ 9 个月，有的甚至可达 1 年。

一般门锁还会预留紧急充电口，以防没电时人被锁在外面。实际上，更换电池和充电的频率还是非常高的。因此建议在门口预留电源插座，这个插座需要专门增加，无论是临时给门锁充电，还是单独给锂电池充电，都非常方便，这是传统家居设计未曾涉及的。

→智能门锁紧急充电口（圆孔下方）

2. 在特定位置预留智能门电源

智能门是一款集成产品，传统门和智能门锁有的功能它都有，而且功能更加齐全，比如会有顶端摄像头识别物品和宠物，门锁内嵌让大门的整体性更好，不再有突出部分。一些产品还能升级氛围灯光，支持尺寸定制，而且直接接 12 V 安全电压，不用担心充电和电池没电的问题，所以在玄关处一定要预留电源。

智能门商家都有相应的安装服务，我们只需要为它预留好电源插座：一般是在门后左下角或者右下角的位置。

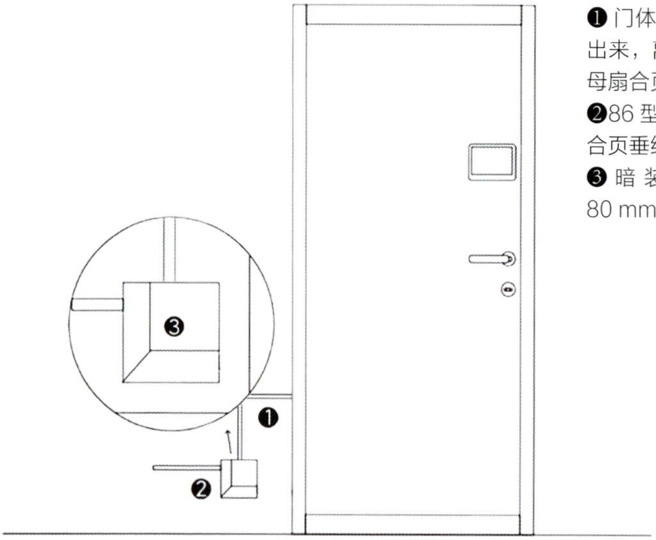

❶ 门体电源线从内合页的过线器中出来，离地 80 cm 最佳（子母门以母扇合页为准）
❷86 型接线盒最佳点位为：距离门合页垂线 20 cm，离地 30 cm 高
❸ 暗装接线盒开孔尺寸为：80 mm × 80 mm × 45 mm

↑智能门电源预留示意图

3. 室外摄像头需要供电和接网

摄像头和其他智能家居设备一样，需要稳定的网络和电源，涉及的装修问题主要在接网和供电。室外摄像头建议直接连接网线，因为室内的无线 Wi-Fi 信号穿墙后衰减得比较厉害，最好在室外摄像头的位置预留网线或网络接口，并且规划好电源位置。

布好全屋网络后，室内摄像头就可以直接选择 Wi-Fi 版，预留好电源线，既方便又兼顾美观。现在，很多家庭选择做无主灯设计，也可以把摄像头直接接入磁吸轨道的电源轨道中，这样更加简洁，但要注意电源的总功率不要超过限额。

↑室外摄像头

4. 装修时提前安装水浸传感器、烟雾报警器和燃气报警器

说到智能家居领域的安全防护，离不开各种报警器和传感器，它们大部分都分布在厨房和卫生间中，比如水浸传感器、烟雾报警器和燃气报警器。

（1）水浸传感器

水浸传感器用于探测是否发生漏水。建议所有正在装修的业主，从装修开始就直接安装好水浸传感器。在我的“粉丝”群里，有不少“粉丝”向我反馈家里装修遇到过“水漫金山”的情况，不仅自己家的地板和瓷砖全被淹了，还波及了楼下的邻居家，损失惨重。也有“粉丝”家里提前安装好了水浸传感器，某天忘记关闭水龙头，水浸传感器及时推送通知，才避免了损失。

水浸传感器一般都被放在家里水管、水池的下方，都是纽扣电池，不需要独立供电，直接贴上就可以。一旦漏水被淹没，就会给你的手机发送报警信号。

↑某“粉丝”新家被水淹

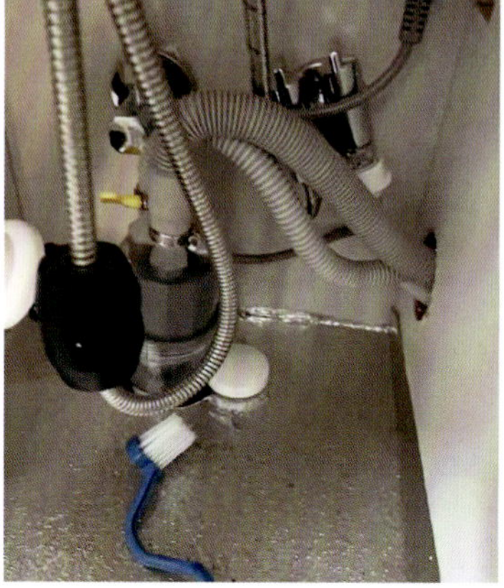
↑水浸传感器的安装位置

（2）烟雾报警器

烟雾报警器的主要作用是探测烟雾浓度，主要安装在厨房吊顶上，和水浸传感器一样，直接安装就可以，不需要提前做电源预留。注意：烟雾报警器不适合爱吃辣的家庭，因为它特别敏感，做饭的过程中只要放上料酒进行爆炒时就会报警。

↑烟雾报警器

（3）燃气报警器

燃气报警器的主要作用是探测天然气以及检测天然气是否泄漏，保障家庭的用气安全，一般安装在厨房吊顶上（必须接电源），所以装修时应在吊顶内提前留好电源插座。

↑燃气报警器的安装和电源预留

随着行业的发展，安防领域的产品会覆盖更多场景，智能家居带给人们的想象力也会越来越丰富。提前做好规划和预留，装修时不仅更从容，完成后室内整体风格还会更加统一，科技感、体验感、幸福感更强。

智能安防产品的装修预留

分类	产品	放置位置	预留方式
智能安防	智能门	玄关入户处	电源插座
	智能门锁	玄关入户处	预留电源插座，给门锁电池充电
	摄像头	根据个人需求放置	预留电源插座。安装在室外的摄像头需接网线，安装在室内的摄像头需要选择 Wi-Fi 版本
	水浸传感器	水管、水池下方	—
	烟雾报警器	厨房吊顶上	—
	燃气报警器	厨房吊顶上	电源插座

第 4 节 智能照明

当你打开房门，走进玄关，会有温馨的氛围灯自动迎接你，无须任何操作，仿佛让你进入了自己的理想家园，抛却了一切俗世烦恼。这一节我们将重点讲解智能照明——整个智能家居设计中最复杂的环节，也是最体现智能感的模块。

智能照明产品主要包括吸顶灯、吊灯、磁吸轨道灯、筒灯、射灯以及灯带等。

智能灯具的功能

1. 借助智能灯具可以实现自己想要的效果

虽然很多业主做智能家居时，认为只要使用智能开关就能满足自己的需求，但是我还是建议家里全部使用智能灯具，这样做有很多好处。

（1）远程控制是最基础的

智能灯具可以实现手机 APP 远程控制、语音控制、开关控制、自动化控制等，无论在哪里都可以直接操作，不用走到开关旁边控制，非常方便。

↑手机 APP 远程控制

（2）实现单灯单控

单灯单控就是单独设置灯具和灯组，即灯具的组合和开关不再受物理灯线的限制，更加自由。比如你想看电影时，全屋的灯光都会为你服务，统一管理，打造沉浸式的光线氛围。家庭成员有不同需求时，全屋灯光也可以各自独立，单独服务。

（3）缓亮缓灭，仪式感十足

智能灯光开启时，能做到 5 秒钟缓缓亮起不刺眼，还可以给身体和精神预留时间转换场景，卸下疲惫，享受家庭的静谧时光。智能灯光关闭时，也不再是突然一片漆黑，而是留足时间让我们适应黑暗。此外，还可以根据自己的实际需求设置智能灯具开启和关闭的时长，比普通灯具的体验提升了几个层级。

↑智能灯具缓亮缓灭设置界面

（4）无级调光调色

这个功能对灯具的要求比较高，调光调色功能主要不是在日常生活中直接调整，而是运用于场景设置中，冷暖光线就如夏日凉冰和冬日暖阳，能带给我们不同的感受。可以根据不同的场景搭配不一样的灯光，比如在家庭 KTV 模式下，可以调整为彩色灯光，更有律动感。

无级调节带给我们的感受会更加细腻，现阶段已经出现了千分级和万分级调光的产品，千分级调节时可以按每次 0.1% 来进行变换，级别越高，光线变化越不明显，越显高级，当然费用也更贵。目前，千分级的效果已经很不错了。

↑低色温，打造冬日暖阳的氛围感

↑高色温，打造清凉夏日的氛围感

（5）可私人定制场景

这里的定制不仅指灯具功能可以与众不同，还指自己需要的场景也可以私人定制，比如求婚场景、节日场景、浪漫情景等。

2. 装修前要做好照明设计

在做智能灯具的预留之前，最重要的一点就是设计好全屋灯光，比如灯光伪色图，这个不仅会影响装修效果、居住体验，还会影响我们的预算和灯光使用频率。因为大多数装修设计方案在灯光上花费的精力很少，很难满足个性化需求。传统设计中也有很多灯具是常年闲置的，造成了极大的浪费。

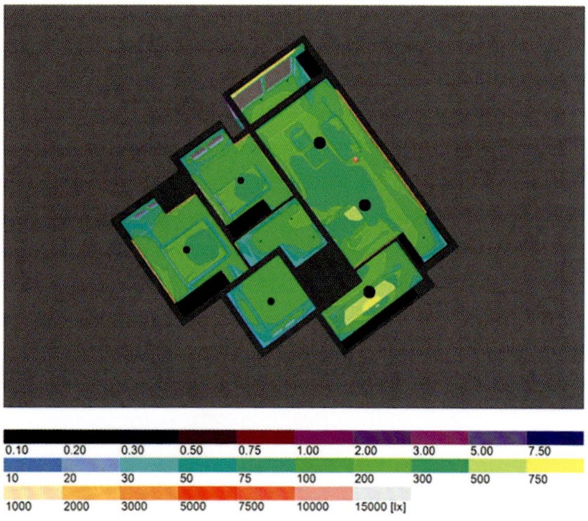

↑ DIALux 灯光照明设计软件的灯光伪色图

近几年灯光设计逐渐进入大众视野并引起关注，无主灯设计也流行开来，因此在本书中我们把灯光设计粗略分为有主灯设计和无主灯设计，这两种设计无论是从整体观感、造价，还是装修施工都迥然不同。

灯光设计分类及特点

1. 传统灯光设计更注重氛围感和层次感

有主灯设计属于传统设计，一般是在空间的中间位置布置吸顶灯或吊灯，周围搭配氛围筒灯、射灯或吊灯，主要作用是照亮空间。因为灯具产品供应链齐全，所以造价相对较低，款式丰富。在大户型或者复式房屋的灯光设计中，还会用雍容华贵的大吊灯来做主照明。

不过随着大家对灯光效果的要求越来越高，即使是有主灯设计，也呈现了很多新变化，比如增加氛围筒灯、射灯，使空间上部更明亮、更有层次感，不再靠单独的一个光源照亮全屋。另外，也可以根据自己的心情或者生活需求，使用不同的灯具，营造各种氛围。

↑客厅采用吸顶灯搭配氛围筒灯、射灯设计

2. 无主灯照明更有设计感

无主灯设计就是不在空间中设置主灯，其不仅为照亮房间，更强调功能性，照明的层次感会更容易营造。一般至少有上、中、下三个层次，也可分为主照明和重点照明，功能一一对应。如果层高足够，那么可以做悬浮吊顶，将灯具完全隐藏起来，这样会更有设计感。

通常采用灯带做主照明，和主灯一样用于空间上部的照明，射灯、落地灯、吊灯或台灯等用于重点照明和中下层次的氛围营造，实现见光不见灯的效果。

↑在悬浮吊顶中隐藏灯具，实现见光不见灯的效果

↑隐藏光源，室内采用层次分明的无主灯设计

3. 明装无主灯降低了装修门槛

在实际操作中，有很多房屋层高有限，无法做悬浮吊顶，尤其是客餐厅区域，因而又诞生了很多明装灯具，比如磁吸轨道里的泛光灯、格栅灯、轨道射灯和线形灯等，意图是实现与悬浮吊顶一样的灯光效果。

事实上，明装无主灯和隐藏式无主灯还是有很大差别的，尤其是白天未开灯时，前者灯具的存在感会更强。如果灯具位置设计不合理，则会更加奇怪，甚至会影响整个装修风格。而隐藏式设计灯具的存在感不那么强，能凸显整个房屋的装修风格。

当然，因为在家装中属于新颖设计，无主灯设计的造价比主灯设计要贵很多，智能无主灯的价格就更高了。

↑磁吸轨道灯搭配暗藏灯带，使得室内极具设计感和科技感

小贴士

无主灯和主灯混搭设计，可有效降低预算

根据自己的需求进行主灯和无主灯的混搭设计，这样可以降低预算。比如建议儿童房用传统的主灯，因为孩子的身体尚在发育中，明亮的环境便于他们活动，还可以预防近视。当然，选择护眼的灯具就更好了。而在客餐厅区域，可以采用无主灯设计，彰显居室品质。

智能灯具分类及选型

虽然用户的需求千差万别，室内设计的风格各有千秋，但是主流使用的智能灯具都相差不大，主要以吸顶灯、吊灯、灯带、筒灯、射灯、磁吸轨道灯、壁灯为主。接下来我们将从智能灯具方面继续深入介绍这几类灯具。

1. 智能吸顶灯

（1）智能吸顶灯要注意协议和生态

目前智能吸顶灯无论是样式还是功能都还不是很丰富。在灯具中，吸顶灯、吊灯相对筒灯、射灯来说，智能化程度比较低，在选型时要注意以下几个方面：灯具的协议、生态，以及灯具的基本参数（比如显色指数、功率、亮度、智能功能、是否护眼等）。

绝大多数智能吸顶灯都可以使用 Wi-Fi 协议，支持蓝牙 Mesh 协议的产品还很少，使用时常会有延迟，用户体验感不佳。我也非常期待不久的将来有能进行本地化处理的智能吸顶灯出现。

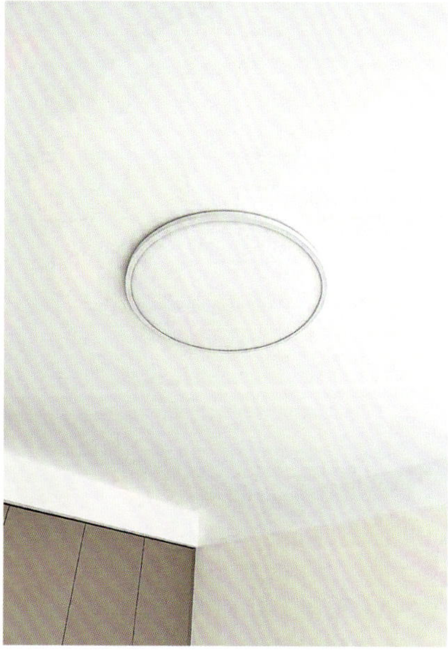
↑智能护眼吸顶灯

（2）协议和生态相同才能进行联动

各大厂商的生态都有自己的吸顶灯，互不通用，即使是协议一致也无法联动。之所以我总在强调协同，是因为很多智能新手刚开始都会忽略这一点，目前的智能家居产品必须基于统一的生态，才能进行联动。跨生态就和跨国差不多，需要一个中间产品，而有些生态之间尚没有可以互通的“渠道”。

（3）显色指数越高越好

↑智能护眼吸顶灯

灯具基本参数比较多，目前用户比较看重显色指数，也就是光对物体色彩的还原程度，越接近自然光线的效果越好。各大灯具品牌也开始开发高显色指数的灯具，从过去的 $R_a \geqslant 80$ 上升到了 $R_a \geqslant 90$。近两年，大家越来越追求高显色指数，$R_a \geqslant 90$ 已经不能满足大家的需求。从 2023 年开始，新产品的显色指数基本都是 $R_a \geqslant 95$。

从灯光设计的角度来说，显色指数在 90 以上是最基础的，越高意味着越接近自然光线，对我们的眼睛越友好。

功率、亮度也很重要，有不少业主在线上采购智能吸顶灯时，就遇到了亮度不够的问题。吸顶灯原本的作用就是照亮空间，如果亮度不足，那就有些本末倒置了。吸顶灯的智能功能相对筒灯、射灯还比较有限，只能实现远程打开和关闭，部分产品可以实现色温变化，但范围比较小，在 3200 ~ 4700 K 之间。

（4）护眼也是不可忽略的需求

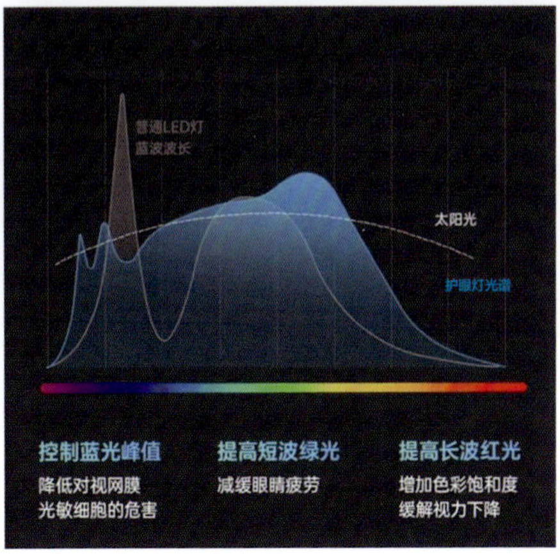

↑全时自然光

近两年灯具的需求趋势之一是护眼，各大灯具品牌发布的新产品，无论是主灯照明还是桌面灯具产品，都有护眼功能，包括全光谱光源、蓝光风险组别为无风险（RG0）、无可视频闪等，其中全光谱也就是模拟自然光。随着用户对灯光舒适度的重视，尤其是有孩子的家庭，护眼灯成为家庭用光场景中不可忽略的一部分。

2. 智能筒灯、智能射灯

无论是有主灯还是无主灯，筒灯、射灯和灯带都是现代居室照明中非常重要的部分。筒灯主要起局部照亮的作用；射灯主要用于重点照明，小范围着重打亮。前面我们谈到智能吸顶灯的功能没有智能筒灯、智能射灯那么丰富，接下来就一起看看智能筒灯、智能射灯有怎样的变化和升级。

（1）智能筒灯、智能射灯选择蓝牙 Mesh 协议

在选择智能筒灯、智能射灯时，同样需要注意协议、生态、基本参数等问题。灯具协议推荐使用支持蓝牙 Mesh 的产品，搭配中枢做好本地化，基本可以做到无延迟，断网还不影响自动化。这与 Wi - Fi 协议的产品差别还是很大的，体验感也不同。智能生态和智能吸顶灯一样，提前选择好就可以。

智能筒灯、智能射灯的基本参数也和智能吸顶灯一样，显色指数没有达到 $R_a \geqslant 95$ 就算落伍了，$R_a \geqslant 97$ 甚至 $R_a \geqslant 98$ 的产品也屡见不鲜。我认为有条件当然直接上顶配。

↑智能筒灯（图片来源：易来官网）

↑安装在客厅吊顶处的智能射灯

小贴士

注意筒灯、射灯的安装高度

因为筒灯、射灯的安装需要提前做吊顶，吊顶尺寸的高度决定了灯具尺寸，所以在做智能设计之前，应确定好筒灯、射灯的安装高度。

（2）根据营造效果选择合适的光束角

对于筒灯、射灯来说，光束角是一个必须关注的参数，比如射灯有 15°、24°、36°，筒灯有 55°、70°、90° 等。光束角角度越大，光线照射范围越大；角度越小，光线越聚焦。

近两年非常流行用射灯做墙面“小山丘”的灯光造型，使用不同光束角角度的射灯，打造出来的效果差别很大。如果想要“小山丘”灯光造型，那么一定得提前做好设计，选好产品，不然容易“翻车”。设计好之后再去选品不仅能很好地达到效果，还可以节省时间，事半功倍。

↑“小山丘”灯光造型“翻车”效果

↑“小山丘”灯光造型

筒灯、射灯的智能功能主要有缓亮缓灭、调光调色、无级调节等。前两年的智能灯大多只能进行调光调色，缓亮缓灭和无级调节的比较少，或者是只能在自己的封闭生态中实现。2024 年起涌现了很多具备以上功能的新产品，而且在多家厂商的平台上能同步操作。

（3）筒灯、射灯选择深度防眩

筒灯、射灯一定要选择深度防眩的，这对于用户的使用感受非常重要。不过防眩程度再高的灯具也不能直接站在其下方直视，这也不是防眩的初衷，重点是站在灯具旁边不会晃眼。一些质量很好的射灯，甚至在两三米外都看不见灯光，走进才发现灯是打开的。

筒灯本质上还是泛光源，所以防眩要求没有射灯那么明显，但总体来说，防眩的灯具比非防眩的体验会上升一个层级，因此建议大家有条件的话尽量选择防眩灯具。防眩能保护我们的眼睛，和蓝光 RG0、无可视频闪以及全光谱一样，减少对眼睛的伤害。

↑带防眩功能的筒灯、射灯效果

↑不带防眩功能的筒灯、射灯效果

3. 智能灯带

（1）尽量多使用灯带，提升居室氛围感

灯带是氛围照明不可缺少的一部分，分布于客厅吊顶、窗帘盒、床下、柜体中，用途广泛。即使在主灯亮度足够的情况下，也建议多使用发光柔和的灯带，既烘托环境，又可以中和主灯光线过硬的缺点。

在无主灯设计中，灯带十分重要，因为灯带是基础照明，可以保障主体空间的亮度。

↑智能灯带用途广泛

智能灯带想要实现调光调色，还需要智能驱动与电源。有不少产品是驱动、电源一体的，既省事，又省钱。也可以从以下几个方面进行选择：协议、生态、基本参数（如低压、高压、智能功能、材质等）。

智能灯带的驱动、电源、协议和生态与智能筒灯、智能射灯是一样的，根据自己的喜好和需求选择即可，重点是做好本地化，但智能灯带可选择的范围没有那么广。

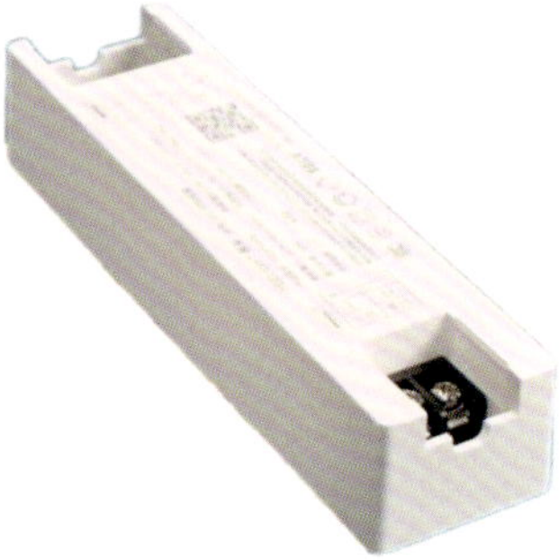

↑低压灯带驱动电源

（2）建议选用低压灯带

智能灯带的驱动中最重要的基本参数就是电压，分为高压（220 V）、低压（通常为 24 V），两种灯带最大的差别就是安全性，比如双色温灯带，24 V 双色温低压灯带更安全。因此在做灯光设计时要注意：凡是人能直接接触到的地方都要用低压灯带，比如床下灯带、橱柜灯带等。预算足够的话，建议所有地方都用低压灯带。

此外，还要关注灯带的功率，灯带的总功率不能超过驱动功率的 80%。一般来说，控制在 80% 以内最好。

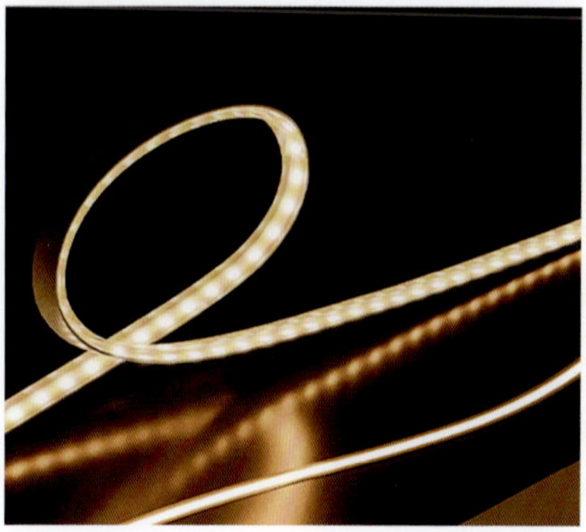

↑双色温灯带

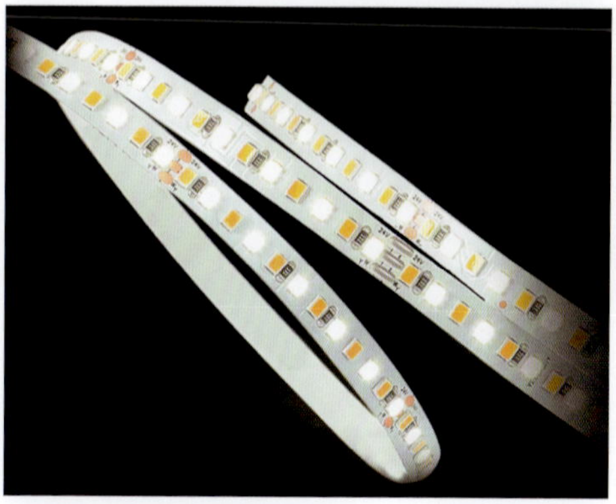

↑双色温低压裸板灯带

↑低压灯带实拍效果

（3）驱动才是实现智能功能的关键

灯带的智能功能主要通过驱动来实现，从色温变化的角度可以分为单色温和双色温。单色温比如 3000 K 是固定的，双色温比如 3500 ~ 6000 K，两者的区别在于能否进行色温调节，而要实现调光调色，缓亮缓灭，取决于驱动的功能。

驱动从调光角度来看，还有千分级、万分级之分。不同级别的调光效果不同，数值越高，每一个刻度的变化越不明显。近年来，大家对这类灯具的需求越来越大，促使各大平台和品牌不断创新。

4. 智能磁吸轨道灯

（1）磁吸轨道灯是一类灯具的总称

严格来说，磁吸轨道灯并不是一款灯具，而是一类灯具的总称，这是因为它们都需要通过一条轨道供电。

智能磁吸轨道灯包含轨道、电源和各种灯具。轨道有明装和嵌入式两种安装方式，两者的电源都可以直接安装在轨道上。灯具包括格栅灯、轨道射灯、折叠射灯、泛光灯、吊线灯等，作用和射灯、灯带类似。智能磁吸轨道灯和其他灯具一样，需要注意生态、协议、基本参数以及智能功能。

↑嵌入式磁吸轨道灯

↑明装磁吸轨道灯

（2）注意嵌入式磁吸轨道灯的轨道尺寸

明装磁吸轨道灯的轨道是直接裸露在外的，所以安装起来比较简单；而嵌入式磁吸轨道灯的轨道则要提前确认灯具选型和轨道尺寸。基本上每个品牌的轨道，甚至同一品牌不同系列的轨道都会有细微的差别。只有一种标准“20 轨道”是可以通用的，其他各有各的不同。

确定轨道后尽量不要更改，因为智能灯具更新换代非常快，每年都会有新的产品或者具有新功能的产品发布，而装修时间短则三四个月，长则七八个月，后期更换新的产品会出现很多问题。当然，笔者希望有更多智能磁吸轨道灯品牌可供用户选择，并且有厂商能够建立起产品的统一规范和标准，使得市场实现良性发展。

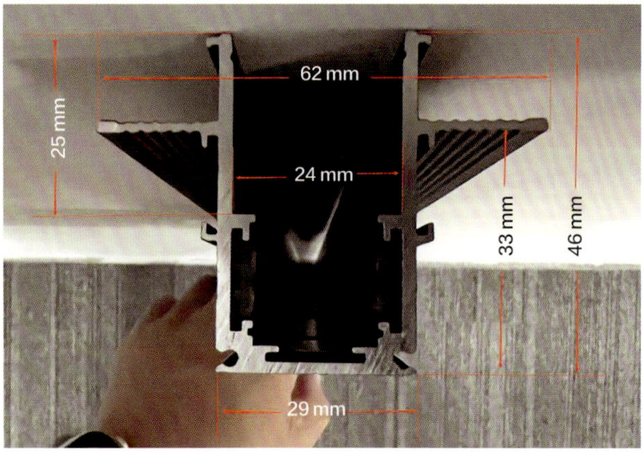

↑标准“20 轨道”

到目前为止，智能的磁吸轨道灯还不是很丰富：一方面是磁吸轨道灯原本就是新鲜的事物，发展尚需时日；另一方面是因为能够做智能灯具的品牌本就不多，而装修要求比较高的智能磁吸灯就更少了。

装修预留及注意事项

了解了主要灯具类型以及在智能生态方面的变化和区别，接下来我重点讲解智能灯具的预留。之所以强调预留，是因为智能灯具还不够普及，具有这些基础知识的装修公司或者施工工人非常少，因此需要业主在装修前期做好沟通，在装修过程中做好监督，在装修完成后做好验收。

我的“粉丝”中有不少遇到装修工人觉得预留没必要或者多此一举的情况，最终导致返工或者出现无法更改的情况，所以一定要做好监督和验收。智能吸顶灯、智能吊灯的预留很简单，电工会按照施工图纸里的灯光设计，留好电源位置。

1. 智能筒灯、智能射灯要注意开孔大小、吊顶尺寸

需要注意筒灯、射灯开孔的尺寸，传统灯具开孔直径尺寸在 45 ~ 100 mm 之间，常用的是开孔直径为 85 mm 的灯具，而智能筒灯、智能射灯目前的开孔直径尺寸为 75 mm，因此确定做智能灯光之后，就需要注意开孔问题。

另外安装筒灯、射灯需要提前做好吊顶，有不少业主购买了筒灯、射灯后，才发现走廊的高度不够，只能更换其他灯具。最后还容易出现灯具品牌不同、调光不一致的情况。

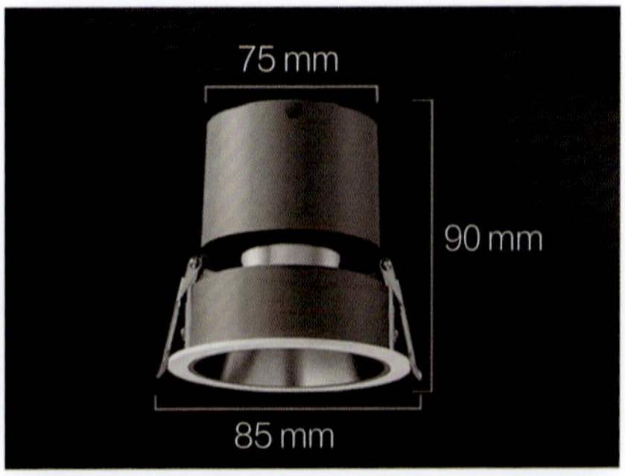

↑智能筒灯、射灯开孔尺寸

2. 智能灯带需要预留三芯线

灯带的预留是整个智能家居中最难的部分，除了正常的留电，还需要提前规划好驱动电源的隐藏设计，最容易出现问题的地方在三芯线。

现在的智能灯带都是双色温，因此需要接三芯线，其中一根接正极，一根负责冷色光，一根负责暖色光。不懂智能设计的电工可能只会留两芯线，这样会导致智能灯带无法调光调色。因此在预留时要特别注意，尤其是灯带和驱动不在一处的情况。

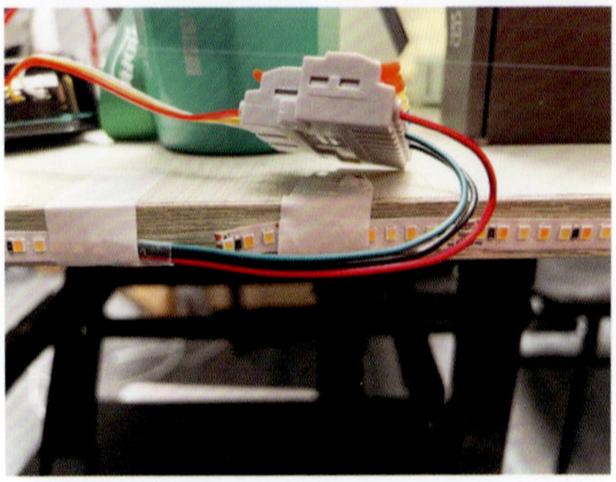
↑智能灯带需要接三芯线

3. 智能低压灯带需裁剪、焊接

低压灯带根据制作工艺，一般分为裸板、包胶和板载（COB）三种形态，其中包胶灯带最易操作，直接粘贴即可。如果你在硬装时搭建智能系统，那么我建议使用裸板灯带，根据家里的装修风格搭配型材，可以做出更细腻和更高级的灯光效果。

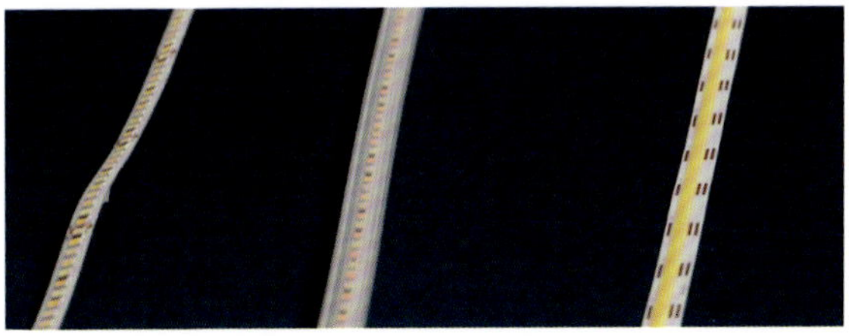
↑低压灯带的三种形态，从左至右分别为裸板、包胶和 COB

智能灯带在安装前还需要裁剪和焊接，尤其是裸板灯带和 COB 灯带，不过灯带都有裁剪标志，比如某品牌低压灯带的两个裁剪标志间的距离就很小，为 6.25 cm。

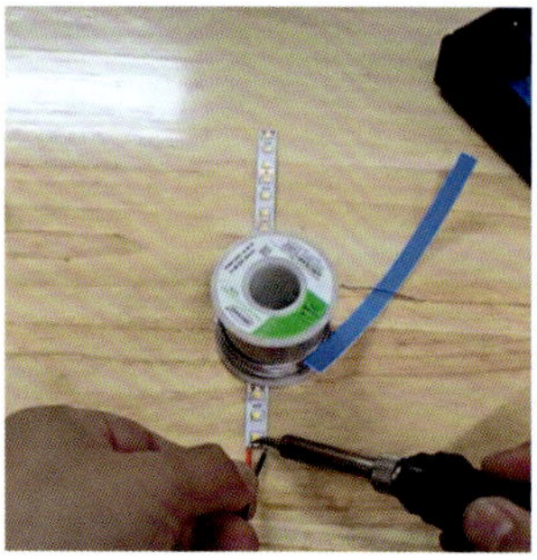

↑焊接智能灯带

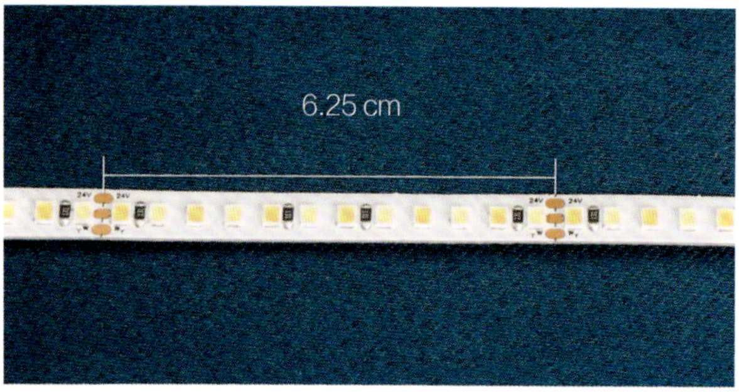

↑低压灯带的裁剪标志

4. 注意磁吸轨道灯的总功率

磁吸轨道灯在供电方面比较简单，只需要给轨道供电，无须给每一个灯单独供电。不过轨道都有专用的电源产品，需要注意的是轨道上灯具的总功率不能超过轨道电源的 80%。在转角处注意连接好配件，才能保障供电。另外就是前面提到过的，嵌入式磁吸轨道灯需要提前预留好配套轨道，同时确认好尺寸，在木工做吊顶时同步安装。

↑磁吸轨道电源

要想智能照明达到预期效果，最好根据自己的预算提前做专业的灯光设计。根据灯具特点来确定产品，并在装修过程中做好预留工作，每一项都不能有遗漏，尤其是筒灯和射灯的开孔尺寸、灯带的裁剪焊接、三芯线预留以及磁吸轨道灯的轨道预埋等。

智能照明灯具的装修预留

<table>
<tr><th>分类</th><th>产品</th><th>放置位置</th><th>预留方式</th><th>备注</th></tr>
<tr><td rowspan="4">智能照明</td><td>吸顶灯</td><td rowspan="4">根据施工图放置</td><td rowspan="4">根据施工图预留</td><td>—</td></tr>
<tr><td>磁吸轨道灯</td><td>只需给轨道供电</td></tr>
<tr><td>筒灯、射灯</td><td>注意开孔尺寸</td></tr>
<tr><td>灯带</td><td>预留三芯线</td></tr>
</table>

第 5 节　智能开关

无论你是否准备使用智能灯具，都建议你预留智能开关。接下来我们主要介绍开关的选择和预留注意事项。

智能开关的选择

智能开关主要包括普通智能开关、无线开关和全面屏开关，其中普通智能开关又分为零火版、单火版和通用版。正常开关的背后会有火线（L）、零线（N）以及灯控线（L1、L2、L3……），零火版智能开关需要连接零线、火线和灯控线，而单火版智能开关只需要连接火线和灯控线，不需要连接零线。通用版智能开关即有无零线都可以使用。

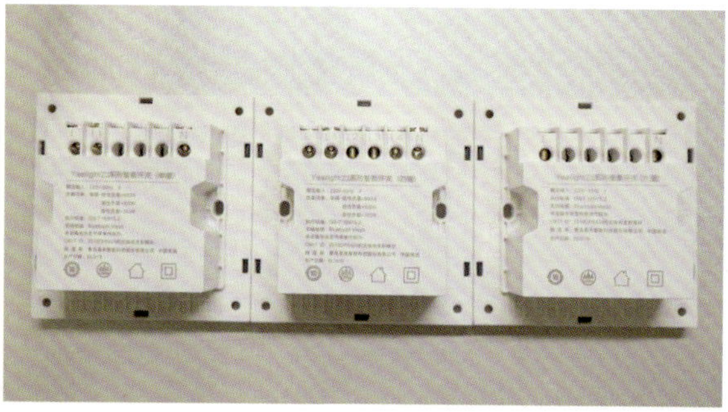

↑智能开关底盒图

1. 建议选择零火版智能开关

建议选择零火版智能开关，并不是说单火版开关不能用，而是在前几年的实践中，我们发现单火版智能开关的问题实在太多了：比如控制模块功耗过大，连接的灯具会不停闪烁；又比如价格略贵，产品的性价比低，最后用户还是会更换掉。因此，近两三年各大开关品牌都没有发布纯单火版智能开关的新品。

零火版智能开关有单键（单开）、双键（双开）、三键（三开）、四键（四开），分别接一路、两路、三路、四路灯控线，还有六键情景开关，不接灯控线，只做无线情景设置。

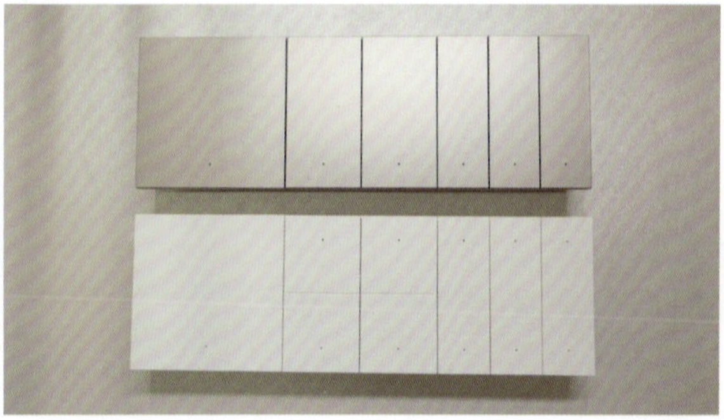

↑智能开关零火版（六键）

智能开关的颜色、材质十分丰富，大家根据自己的喜好来选择即可。但无论是什么材质、颜色，建议首选支持蓝牙 Mesh 协议的智能开关。

↑智能开关

2. 智能开关的键位可以多一点

一般来说，86 型接线盒里的灯控线有几路就一定要选择几键的开关，但是由于智能开关每一个按键都可以单独转无线后控制灯具，因此建议给每个开关多留一两个键位作为场景开关，尤其是玄关、卧室床头等位置。

3. 智能开关可以和普通灯、智能灯搭配

每当有业主问我如何选择开关时，我一定是首推智能开关，因为无论是智能灯还是普通灯，都可以和智能开关搭配使用。智能开关和智能灯搭配时，只需要将智能开关转无线，就可以获得很好的智能体验。你可以手机APP控制、语音控制、开关控制、自动化控制，智能玩法非常丰富。

前几年，智能开关和智能灯的搭配并不完美，随着蓝牙 Mesh 协议的突破，通过中枢实现本地化之后，两者的搭配延迟可以忽略不计，不用再担心掉线断网的问题了。

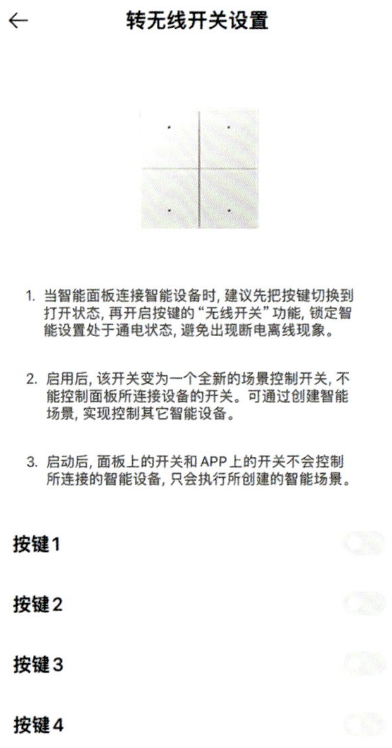

↑智能开关转无线设置

小贴士

智能开关搭配普通灯，老年人用起来也很简单

智能开关搭配普通灯，也可以实现灯具的打开、关闭这些简单的智能操作。对于只想初尝智能家居或者预算有限的业主来说非常友好，即便老年人操作起来也很简单。

4. 最后再配置无线开关

无线开关是指由纽扣电池供电的智能开关，安装比较简单，开关后面有双面胶，哪里需要贴哪里，比如沙发侧面、桌子背面。有些无线开关的造型和普通面板开关是一模一样的。

有些接线墙壁开关转无线之后也可以作为无线版开关，直接供电，不用担心电量问题。墙壁无线开关有利于全屋开关风格统一，电池版使用更方便，可以随处贴，也可以隐藏在任意位置，电池也比较经久耐用，使用三年多都没问题。

无线开关中还有一类，叫旋钮开关。它一般会被放置在桌面上，可以调控灯具的色温或窗帘的开合比例，使用体验感也不错，所以备受年轻人喜爱。

↑无线开关

↑旋钮开关

5. 全面屏开关不可或缺

全面屏开关是近几年特别火的产品，我建议大家可以尝试在家里配备两三个。前几年流行纯屏幕产品，但其造价昂贵，屏幕越大，价格越高。2023 年起，市面上出现了不少带开关的全面屏，而且性价比越来越高，应用前景看好。

↑全面屏开关

↑带开关的全面屏

智能开关的装修预留

1. 开关接线盒尽量选深一些的

做全屋智能的前提是先选好产品，再进行对应的装修规划和预留。通常，所有智能开关都需配备标准 86 型接线盒的开孔，包括全面屏开关，具体位置根据设计师设计的灯具开关施工图布置即可。

需要提醒的是 86 型接线盒要有足够的深度，因为智能开关背后的线比较多，包括零线，都必须塞进底盒里，所以最好选择深度为 50 mm 的。

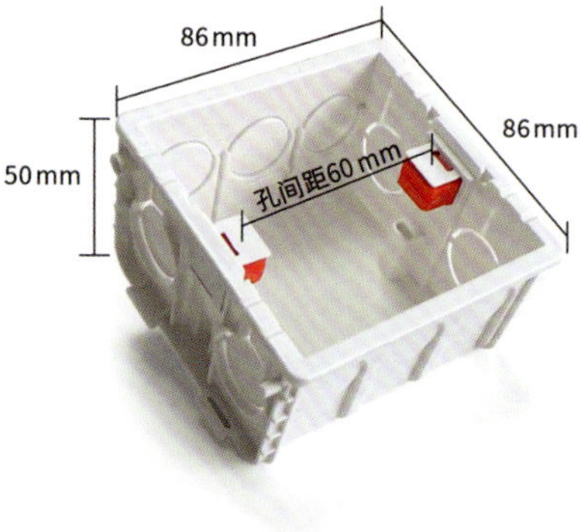

↑ 86 型接线盒（50 mm 深）

2. 智能开关需预留零线

由于传统开关底盒中只有火线和灯控线，都没有零线，因此想要使用零火版智能开关，装修时一定要让电工师傅预留零线。如果是精装房，则需要让电工单独拉零线，这样产品使用会更稳定，也能更好地保护灯具。几乎所有的全面屏开关都需要零线，因此预留零线是十分有必要的。

3. 智能开关需做单控

智能开关不需要做传统的双控控制，因为智能家居本质上是多控，所以在布线时直接做单控，用无线开关或者旋钮作为双控或者多控，这样更加方便，也减少了电工的布线工作量。如果已经做了双控，则需要把一个接线盒里的灯控线短接，或者不接灯控线。

时下流行的凌动开关必须搭配支持凌动功能的智能灯，其本质上是普通开关，因此布线方式和普通开关一样。只需要告诉电工它是普通开关，电工就知道如何布线和安装了。

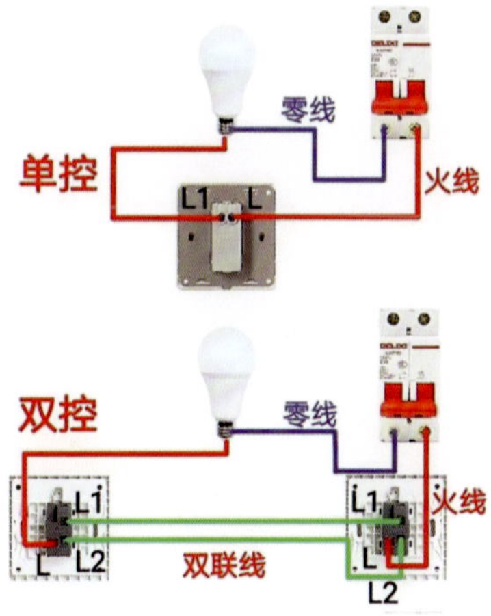

↑智能开关做单控即可

智能开关的选择和预留是和灯具相搭配的，由于开关原本是辅助灯具的设备，因此我们在做预留时要充分考虑这两方面的情况。如果你选择了智能灯，那么一路灯线可以接多个灯具，这样全屋智能可以实现极简风格。

智能开关的选择和装修预留

分类	产品	放置位置	预留方式
智能开关	单火版智能开关	根据施工图放置	86 型接线盒
	零火版智能开关	根据施工图放置	86 型接线盒，预留零线
	凌动开关	根据施工图放置	86 型接线盒
	无线开关	根据个人需求放置	如果使用电池版无线开关，则不用提前做预留
	全面屏开关	根据施工图放置	86 型接线盒

第 6 节　智能温控设备

家用空调一般有柜式机、挂式机以及中央空调，近些年还出现了风管机。由于空调的更新换代速度比空调配件要快，因此不是所有的产品都能实现智能控制。如果想实现智能控制，就一定要提前确认好空调型号。

空调智能的实现方式

1. 壁挂式空调选择建议

如果对于空调智能程度要求特别高，那么建议直接选择具有一定生态的空调。比如小米壁挂式变频空调，可以直接接入米家 APP，实现远程控制、APP 控制、语音控制、开关控制等。

如果选择其他品牌的挂式空调，则可以搭配空调伴侣插座实现智能化。比如小米空调伴侣插座，价格便宜，使用简单，无论哪个品牌的壁挂式空调，直接插入空调伴侣插座，就可以使用。

↑壁挂式变频空调

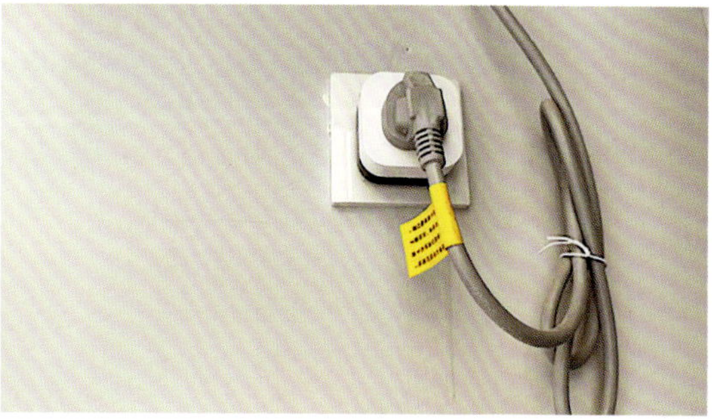

↑空调伴侣插座

需要注意的是，柜式空调功率比较大，无法使用空调伴侣插座进行智能控制。

2. 中央空调需要搭配中央空调集控网关（VRF 控制器）

随着我们生活水平的提高，很多业主装修时会直接安装中央空调。这样做的优点是美观，节省空间，而且各空间温度统一，不会出现温差太大的情况；缺点是比较耗电，对安装要求较高，需要做吊顶，同时受限于室内净高。

↑中央空调安装效果图

↑在吊顶前安装好中央空调

中央空调一般都配备有专门的屏幕开关，但只能在屏幕开关上操作，无法与其他智能产品进行联动，因此诞生了 VRF 中央空调控制器。中央空调系统通过 VRF 中央空调控制器可以接入米家、Homekit 等生态。

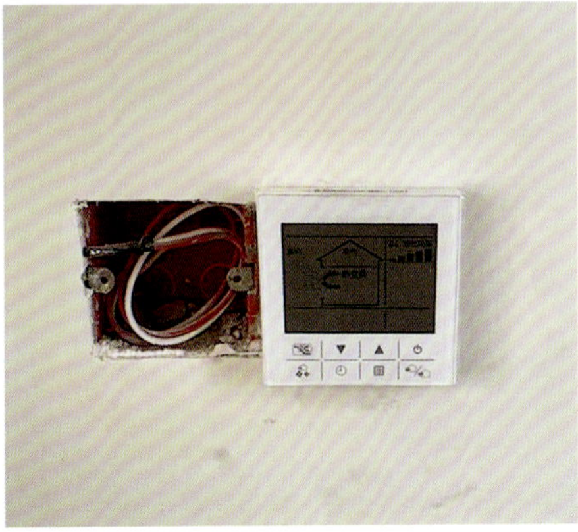

↑中央空调屏幕开关

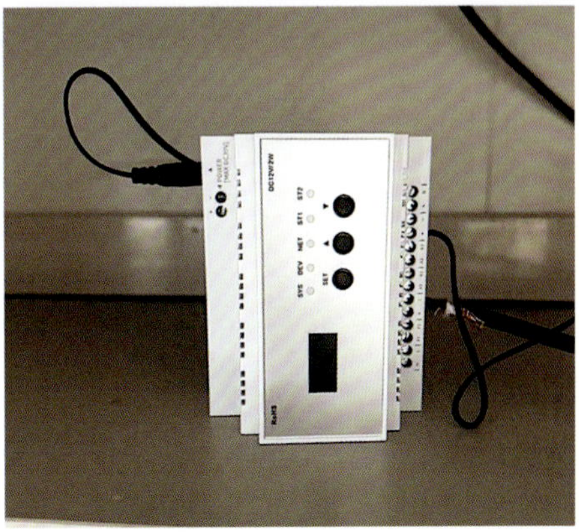

↑ VRF 中央空调控制器

3. 风管机需要搭配小超人控制器

风管机是指风管式空调机，和分体式空调一样，都是一拖一设计，但外观和中央空调相似，主机需要被隐藏在吊顶中。和中央空调一样，风管机也是由屏幕开关控制，接入智能生态需要搭配小超人控制器，比如朗宁小超人控制器，才能实现互联控制。

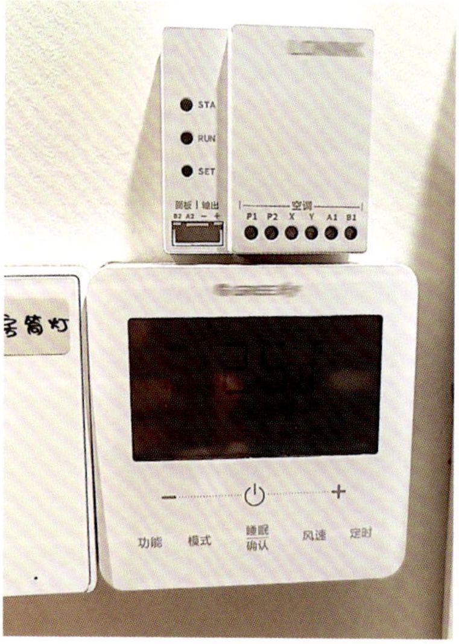

→风管机屏幕开关和小超人控制器

小贴士

VRF 中央空调控制器和小超人控制器需适配产品

VRF 中央空调控制器和小超人控制器不是所有品牌和型号都通用，甚至部分品牌型号尚没有适配的产品，因此在确定中央空调和风管机型号之后，一定要与 VRF 中央空调控制器、小超人控制器的客服提前沟通是否有配套产品，有了之后再购买。也可以先咨询客服控制器适配哪些品牌型号的中央空调或风管机，再从中挑选。

装修预留及注意事项

因为大部分智能温控设备都是配套产品，因此装修预留比较简单。空调伴侣插座只需插在原空调的电源插座上就可以了，不用专门预留。

将风管机小超人控制器直接接入面板或内机就可以，但需注意，一个小超人控制器只能让一个风管机接入智能生态，因此要注意购买数量。

↑将小超人控制器接入风管机面板

中央空调的 VRF 控制器需要接电源，只需装到任意一个内机里，连接内机的信号线，其他内机就都可以使用了。有一些 VRF 中央空调控制器还需要接网线，因此在购买前应提前确认好产品型号以及是否需要网线。

智能温控产品的选择和装修预留

分类	产品	放置位置	预留方式
智能温控	空调伴侣插座	壁挂式空调电源插座	—
	小超人控制器	接入风管机	—
	VRF 中央空调控制器	适配的中央空调内机中	电源插座，根据产品型号进行预留

第 7 节　智能语音产品

智能语音产品主要指智能家居中的语音控制产品，比如小爱同学、Siri 等。很多智能家居产品中都会内置音箱，比如全面屏开关、智慧屏、手机、平板电脑，甚至新能源汽车。比如 2024 年的小米 SU7 汽车，就可以通过小爱同学调整后视镜、屏幕显示、查询交通状况等，可见智能语音在人、车、家生态中的重要性和普及度。

本节主要讲解智能音箱产品的配置以及装修预留注意事项。

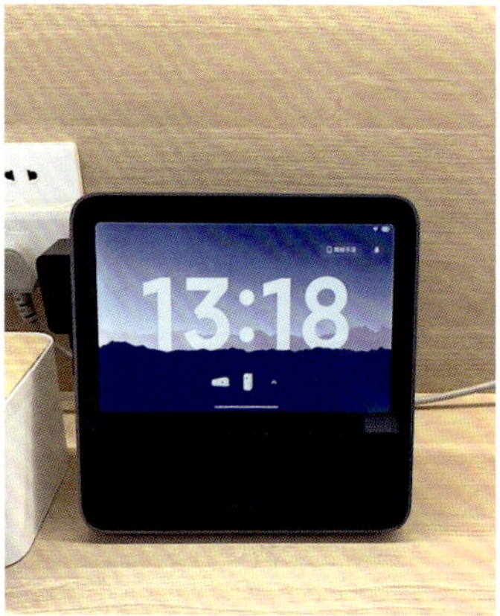

↑智能家庭屏

智能音箱的分类及配置

1. 智能音箱有带屏幕和不带屏幕之分

智能音箱作为一种智能家居设备，拥有多种智能化的功能，包括语音控制、触屏控制、音乐播放、消息提醒、智能问答等，不同音箱能实现的功能不同。因此，根据形态我将市面上的智能音箱分为两种：一种是带屏幕的音箱，一种是不带屏幕的音箱，它们的功能区别较大。

↑不带屏幕的智能音箱（图片来源：小米官网）

↑带屏幕的智能音箱（图片来源：小米官网）

带屏幕的音箱功能齐全、玩法更丰富，不仅可以远程控制、语音控制，还可以触控调节开关、灯具色温等，操作便捷，但造价也较贵。

2. 结合功能选择智能音箱

智能音箱的功能一般包括：触控、红外遥控、蓝牙 Mesh 网关等。有些音箱可以作为蓝牙 Mesh 网关，以减少产品配置，降低预算。

智能音箱主要在生态中使用，种类繁多，这里推荐三种：第一种是可以作为从网关使用的；第二种是触屏音箱，性价比较高；第三种是音质好，语音唤醒更灵敏的。

↑触屏音箱

↑语音唤醒更灵敏的智能音箱（图片来源：小米官网）

3. 根据使用需求来放置智能音箱

建议在使用频率较高或空间比较大的地方配置功能强大的智能音箱，比如客餐厅可以使用语音唤醒更灵敏的智能音箱，响应更快。卧室的面积一般比较小，可以放触屏音箱，当智能门锁识别到有人敲门，还能投射到屏幕上查看。

书房或电竞房的电脑桌上适合放智能家庭屏，不仅可以联动投射摄像头，还可以控制全屋的智能设备，实现多场景互联。

智能音箱的装修预留

智能音箱需要通电，都是直接连接 Wi-Fi，只要附近有插座即可。有些业主喜欢把智能音箱预埋到吊顶里，这就需要提前预留好电源。如果是安装在磁吸轨道上，则需要注意轨道的总功率，以及对应配件的安装。

智能音箱的配置、预留都比较简单，已经是非常成熟的智能产品，无论是普及度、使用频率，还是易用程度，都非常高，因此智能家居新产品首先要解决的就是语音控制。随着 AI 技术的蓬勃发展，未来的语音交互将会越来越人性化、个性化。

智能音箱的装修预留

分类		产品	放置位置	预留方式	备注
智能音箱	带屏幕	智能家庭屏	茶几、书桌、电脑桌上	电源插座	在墙上预留 86 型接线盒
		触屏音箱	卧室床头		—
	不带屏幕	带网关的智能音箱	客厅		—
		语音唤醒更灵敏的智能音箱	客厅		—

第 8 节　智能窗帘

窗帘的智能化是智能家居建设中必不可缺的一环，也是营造氛围和私密感非常重要的部分。电动窗帘不仅可以实现 APP 控制、语音控制、开关控制、自动化控制，还能实现定时开关、手拉自动开关等。我们可以根据喜好设置回家和离家场景、观影模式、晚安和起床模式，以及其他更加个性化的场景，因此值得我们花时间将其规划好。

智能窗帘的分类及产品选型

1. 智能窗帘的分类

谈到智能窗帘，首先想到的是窗帘电机，窗帘类型不同，电机也是不一样的。窗帘电机一般有三类：开合帘电机、梦幻帘电机和卷帘电机。其中开合帘电机还有一种附属产品，叫作窗帘伴侣，虽然使用简单，但是充电频率非常高，时间久了会把你对智能家居的热情消磨殆尽，因此不推荐新装修用户使用。

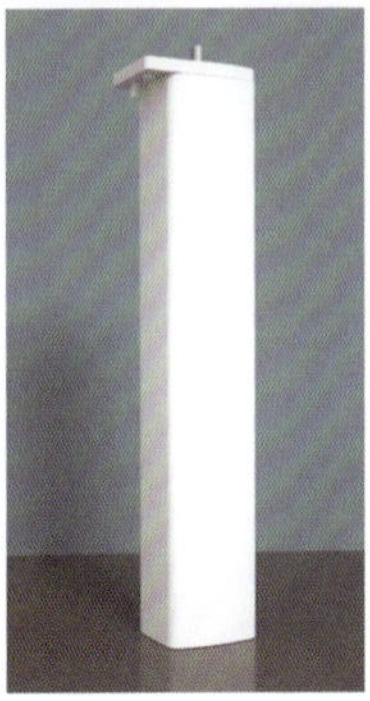

↑开合帘电机

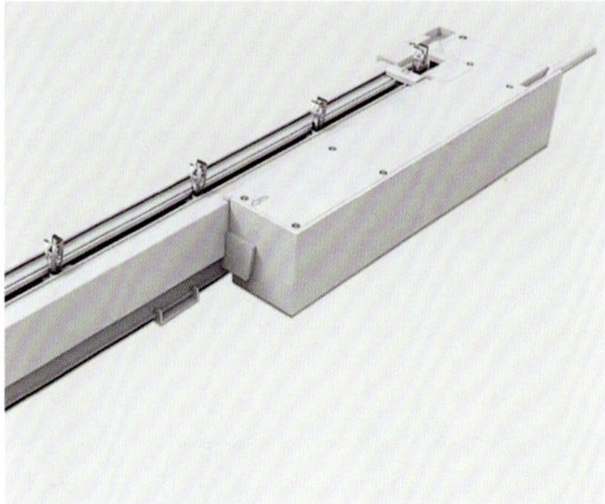

↑梦幻帘电机

↑卷帘电机

想要实现窗帘的智能化，还需要配置专门的窗帘轨道。不同型号的电机需要不同的轨道，准确地说需要不同的传动轴，在做轨道定制时传动轴会被提前安装在轨道上。

↑窗帘轨道

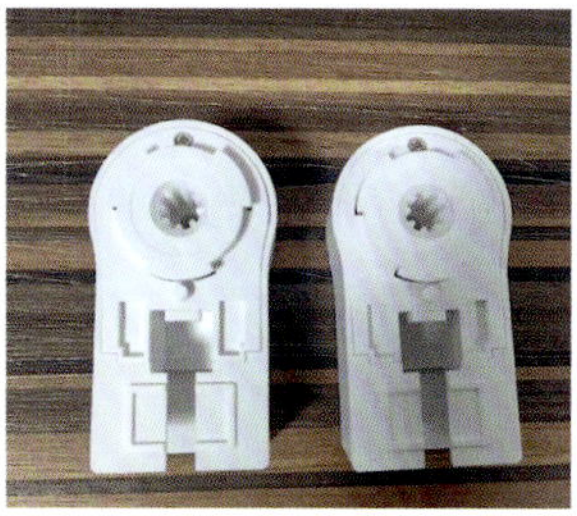

↑窗帘电机传动轴

2. 窗帘电机的选择

在选择窗帘电机时，也要关注协议、平台、尺寸参数等。窗帘电机有各种协议的产品，无线智能家居还是首推支持蓝牙 Mesh 的产品。

3. 窗帘电机的重要参数

选购时，要注意窗帘电机的一些重要参数，如扭力、转速、承重、插头类型等。

扭力是窗帘电机的动力，目前大部分电机都是 1.2 N·m 或者 1.5 N·m。如果你家里的窗帘布非常厚实，则建议选择大扭力的窗帘电机。厚实的窗帘布一般比较沉重，因此还应关注窗帘电机的承重性能。

有的窗帘电机是两芯插头，有的是三芯插头，不同插头类型对电源预留有不同的要求。推荐两芯插头，简单省事。

↑两芯插头

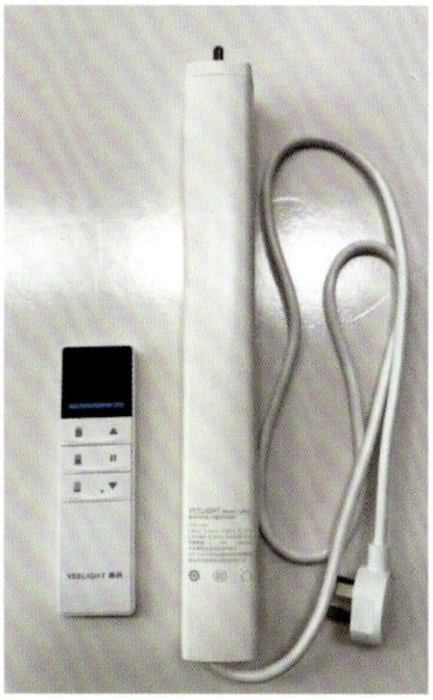

↑三芯插头

4. 一条轨道上只能配置一个电机

目前市面上的开合帘电机都只能带动一条轨道。一般来说，窗帘会有两层，一层帘，一层纱，因此需要配置两个窗帘电机，预留时也是一样。如果想控制预算，则可以设置为纱帘常闭，只做遮光帘的智能设计。另外，建议在朝南的客厅和主卧安装窗帘电机，在客厅做双轨道，一层帘、一层纱，整体体验感更好。

↑两条轨道需要配置两个电机

5. 根据窗帘形状定制开合帘轨道

窗帘轨道建议选择较厚的静音轨道，具体需要根据窗帘形状来定制。窗帘轨道有直行轨道、L 形轨道、U 形轨道以及弧形轨道。定制轨道时还需要确定窗帘的开合方式——是从中间往两边开，还是从一边往另外一边开。无论是从左往右打开还是从右往左打开，对定制轨道的影响都不大，安装时注意方向就可以。

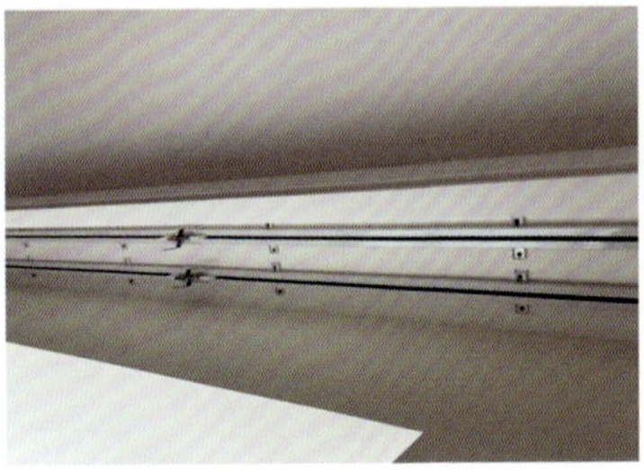

↑直行轨道

↑ L 形轨道

↑ U 形轨道

↑弧形轨道

直行轨道的定制比较简单，除了开合方式，只需给商家提供窗帘盒的长度和窗帘电机的型号就可以了。有时窗帘师傅提供的尺寸可能不够精确，需要自己确认好。也可以选择弹性的窗帘轨道，比如 3 ~ 5 m 长的通用型轨道，兼容性更强。

L 形轨道和 U 形轨道的定制，需要明确长短边的尺寸以及窗帘盒的宽度等，商家都可以帮你“搞定”。

小贴士

不建议给弧形阳台做智能窗帘

如果你家的阳台或窗户是弧形的，那么还需要测量弧形的半径，计算方式相对复杂，因此不建议再做智能窗帘，普通窗帘也是不错的选择。

6. 轨道安装没有想象中那么难

买回来窗帘轨道后谁来安装是很多智能家居用户会面临的一大问题，其实轨道的安装很简单，动手能力强的业主完全可以自己来操作。当然，也可以交给卖窗帘的商家，这样他们就可以把窗帘和轨道搭配得更好。

窗帘电机安装就更简单了，只需要对准，然后卡上去就可以。

智能窗帘的装修预留

智能窗帘在智能家居设计中所处的地位非常高，因此一定要在装修时做好预留，主要包括网络、电源、轨道的预留。智能窗帘主要在于其窗帘电机，只要空间足够，给窗帘电机组好网、接好电，智能控制就会很简单。

1. 智能窗帘要注意网络覆盖

由于智能窗帘及其电机一般在家里比较边缘的位置，因此规划网络时，不仅要确保信号稳定，还要关注网络覆盖范围。因为造价问题，很多用户还是会用 Wi-Fi 协议的窗帘电机，如果网络信号不稳定，就会经常掉线，影响正常使用。

↑智能窗帘通常位于家庭的边缘位置

2. 开合帘电机的电源预留

最常见的是开合帘窗帘电机，将电源提前预留在轨道正下方 50 cm 处，能确保市面上所有的产品都可以正常安装。如果想做双轨，则要预留两个电源，同时注意窗帘电机是两芯插头还是三芯插头，然后再根据选定的型号来做预留。如果没有选好窗帘，可以直接预留两组电源。

若只留了一组也没关系，后期也可以灵活处理，比如直接把电源线留在窗帘盒里，然后把窗帘电机的插头给剪开，用接线端子把它与电线直接接起来。

↑窗帘电机的电源预留

3. 梦幻帘和卷帘的电机、电源预留

梦幻帘的电机一般安装在轨道侧面，其电源可以像开合帘一样，留在轨道正下方 50 cm 处，也可以隐藏在窗帘盒里，后者更美观。

卷帘电机的电源也可以放置在窗帘盒里。卷帘电机一般分为小马力和大马力两类，前者适用于一些小的窗户，比如百叶帘，而后者的电机就多适用于大落地窗的香格里拉帘。

↑梦幻帘电机和电源预留

↑百叶帘

↑香格里拉帘

4. 注意窗帘盒的预留宽度

窗帘盒的宽度取决于轨道的数量，以及是否拐弯、有没有设置灯带等。标准单轨的窗帘盒需要 15 cm 宽；如果是双轨就需要多加宽 5 cm，做到 20 cm 宽；如果是 L 形的窗帘，做弯轨就需要在原有基础上再加宽 5 cm。

如果还想加一条窗帘盒灯带，需要再加宽 5 cm，这样窗帘开关才会更顺滑，灯带的出光才更加均匀。

如果做直轨双轨搭配灯带设计，则需要预留 25 cm 宽；如果做 L 形双轨搭配灯带设计，则需要预留 30 cm 宽。

窗帘盒预留宽度

窗帘轨道类型	直轨（cm）	L 形轨道（cm）
单轨	15	20
双轨	20	25
双轨（搭配灯带）	25	30

很多商家要求的宽度会比上表中给出的尺寸小一些，但我们的设计原则是使用的时候体验要舒适，至少 90% 以上的情况都不会受影响，而不是能用就行，因此建议大家按照以上数据来预留。

5. 创新产品不断涌现

在智能窗帘领域，除了以上需要预留电源的产品，近几年还涌现了很多新产品，比如光能版窗帘电机，通过电池与太阳光续航，解决了旧房无法加装电源的问题。不过这类产品也有自己的痛点，因此仍建议优先预留电源，实在无法解决时再找替代方案，因为智能家居的体验感太重要了。

除了窗帘电机，还有智能推窗器、水浸及雨水传感器，可以解决自动开关窗的问题。目前推窗器不需要预留电源，直接购买使用即可。

↑光能版窗帘电机（图片来源：领普官网）

↑推窗器（图片来源：领普官网）

↑水浸及雨水传感器（图片来源：领普官网）

智能窗帘或者说智能窗户的打造，未来仍有很大的想象空间。目前只需要选好电机型号、定制精准轨道、做好电源预留，除非家里的窗帘特别复杂，智能改造时会费时费力，其他常规改造已经很成熟了，智能化设计相对比较简单。

智能窗帘的装修预留

分类	产品	放置位置	预留方式	备注
智能窗帘	开合帘电机	窗帘处	电源预留在轨道正下方 50 cm 处	留在电源线所在的窗帘盒里，把窗帘电机的插头剪开，与电线连在一起
	梦幻帘电机	窗帘处（轨道的侧面）	电源预留在轨道正下方 50 cm 处	电源可隐藏在窗帘盒里
	卷帘电机（含香格里拉帘电机）	窗帘处	电源可隐藏在窗帘盒里	小马力电机适用于小窗户，大马力电机适用于大落地窗的香格里拉帘
	窗帘伴侣	窗帘处	—	需频繁充电，不推荐
	推窗器	窗户处	—	—

第 9 节　传感器

传感器有很多种，我们在智能安防部分已经提到一部分。本节主要讲解人体传感器、门窗传感器、温湿度传感器、人体存在传感器（人在传感器）以及可划分空间的空间传感器的智能运用场景。

传感器的分类及适用场景

1. 人体传感器

人体传感器主要通过检测人体的移动来触发相关的响应机制，一般位于人会经过的地方，比如玄关的鞋柜、过道以及卧室床下，也可以搭配其他传感器使用，实现更快速地传感触发，比如空气净化器等。

↑人体传感器 E1（图片来源：绿米联创官网）

↑过道处的人体传感器（图片来源：绿米联创官网）

2. 门窗传感器

门窗传感器一般用在门上或窗户上，打开门或者窗户时触发你想要的场景，也可以实时感知门和窗的开关状态。还有一个地方也很好用——抽屉，打开抽屉想实现什么情景，可以充分发挥自己的创造力。我在放香烟的抽屉上安装了一个门窗传感器，与小爱音箱联动，每当我打开抽屉时，它就提醒我不要再抽烟了。也有业主将它装在了坐便器上，打开坐便器盖就可以同时打开空气循环系统等。

↑门窗传感器

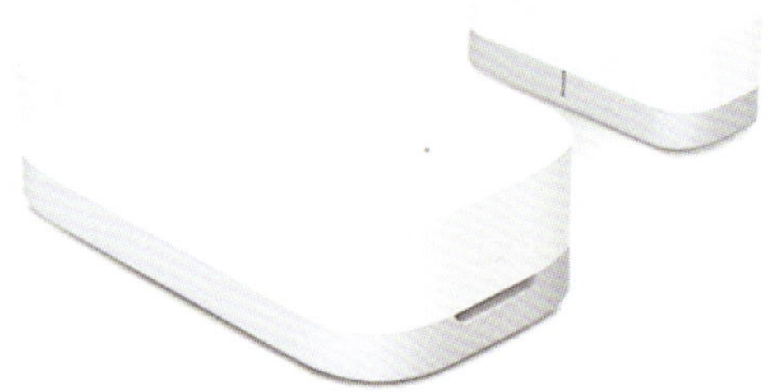

↑门窗传感器（图片来源：绿米联创官网）

3. 温湿度传感器

强烈建议大家在每个房间都放一个温湿度传感器，可以设置温度达到多少度时自动打开空调；还可以在浴室放置一个温湿度传感器，设置冬天洗澡时联动打开浴霸，体验感很好。

↑蓝牙温湿度传感器（图片来源：小米官网）

4. 人在传感器

人在传感器的全称是人体存在传感器，是通过检测人体的存在与否来判断是否有人，还可以感知到静止的人体，需要根据人逗留的位置来安装。比如业主特别享受蹲坐便器的时光，可以在卫生间放置人在传感器，解决人在卫生间没有动，灯就灭了的问题。如果你特别爱在书房学习、在电竞房打游戏，就需要在书桌前或者电脑桌前放置人在传感器。如果像我一样爱做饭，可以在厨房放置人在传感器。这样，只要这个区域一直有人，灯具就可以常亮，人一离开，灯具会自动关闭。

↑书房人在传感器

↑卫生间人在传感器

↑厨房人在传感器

↑人在传感器（图片来源：小米官网）

人体传感器和人在传感器对比

类型	供电方式	传感器	感应目标	时间	距离探测
人体传感器	纽扣电池	红外线	人体移动	5 ~ 60 秒	否
人在传感器	电源供电、纽扣电池	毫米波雷达	人体存在	0	是

具有区域划分功能的空间传感器（人在传感器的一种），需要放在较大的空间中来使用，而且它对位置的要求非常高。强烈建议将其放在空间里居中的位置（无论哪个区域都可以灵敏感应到，真正做到物随人动），才能达到最好的监测效果。

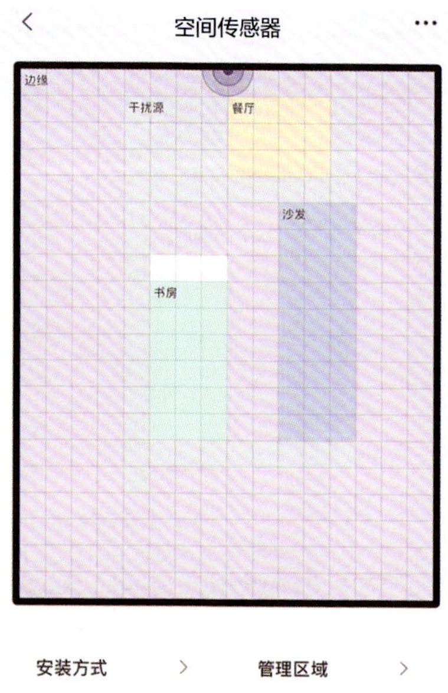

↑按区域划分功能

小贴士

为空间传感器规划好安装位置

我建议大家在买来空间传感器之后，先测一测、玩一玩、摸一摸它的“脾气”，再来规划安装位置和进行电源预留，不然你根本就不知道它们最适合的安装位置（如客厅墙面的正中央）。

传感器的装修预留

人体传感器、温湿度传感器和门窗传感器都是由纽扣电池供电，不需要预留电源。它们的续航时间为一两年之久，市面上已经出现了很多续航可达三年的人体传感器，因此不用担心续航问题。

比较复杂的是人在传感器和空间传感器。需要注意的是，并不是所有的人在传感器都必须留电源，也有靠纽扣电池供电的人在传感器。

↑人体传感器

↑人在传感器

以上就是常用传感器的电源预留，我认为与其关注如何预留电源，还不如研究哪种智能场景适配哪种传感器，传感器应该被放在什么位置。把这些问题弄清楚之后，预留电源就很简单了。只有确定好安装位置，才能达到良好的使用效果。

传感器的装修预留

分类	产品	放置位置	预留方式	备注
传感器	人体传感器	玄关鞋柜处、过道、床下	—	—
	门窗传感器	门、窗户、抽屉	—	创意玩法：放在桌子底下
	温湿度传感器	各个房间	—	—
	人在传感器	人常逗留的空间	纽扣电池、电源插座	需要供电的传感器接口输出额定电压为 5 V 的直流电，最高电流为 1 A，或使用 220 V 交流电转 5 V 的直流电电源适配器
	空间传感器	大空间且居中的位置	电源插座	具有划分区域的功能

第 10 节 智能家电

智能家电的品类比较多，比如空气检测仪、智能晾衣架、智能坐便器、扫地机器人、洗地机、智能床等。即使预算有限，我也建议留一部分预算给以上产品，它们对生活品质的提升有很大帮助，智能联动的玩法也很多样。

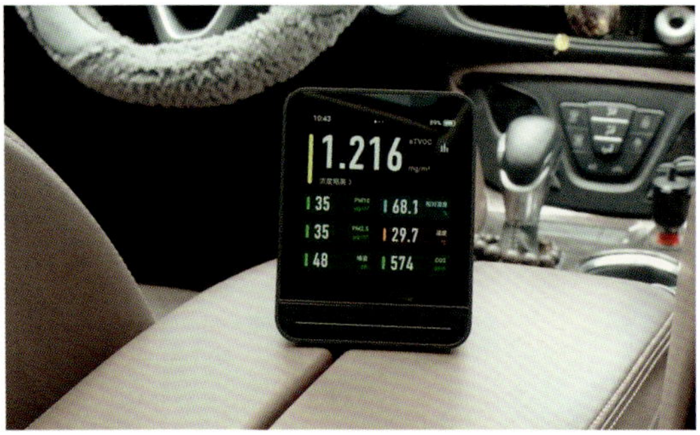

↑空气检测仪

↑智能晾衣架

↑洗地机

↑智能床

↑智能坐便器

↑ 扫地机器人

目前，智能家电还没有覆盖所有家电品类，因此我也十分期待未来家电智能化之后的样子。大部分智能家电的水电预留和普通家电没有太大区别，做好组网，保证产品的网络信号稳定即可。

为嵌入式家电提前规划好空间

扫地机器人作为嵌入式家电的代表，每年都会出新的产品，升级换代非常快。装修预留主要涉及两个方面：第一是确定嵌入位置，第二是做好水电预留。

很多第一次装修的业主都想把房子装修得美观又高级，会选择嵌入式家电，因此需要提前确定扫地机器人型号，做好尺寸预留。不少商家也推出了方便嵌入的款型，基站高度低至 28 cm。还有扫地机器人与洗衣机一体的产品，业主不用再担心预留问题。

↑ 超薄款扫地机器人

↑将扫地机器人放入定制柜中

如果你不太确定使用哪一款，那么我建议将扫地机器人放入定制柜中，也能达到很好的效果。

为扫地机器人预留电源和上下水

虽然市面上的很多产品不需预留电源和上下水也可以直接使用，但我们做智能设计是为了让生活更加方便，因此仍建议在前期做好水电预留，直接购买上下水版本的产品，不需要花大量时间去处理基站里的废水、废渣。

装修时最好提前确定上下水的位置，一般预留在阳台、卫生间或者洗衣房。

↑为扫地机器人预留上下水和电源插座

同理，也应为洗地机预留好电源插座和上下水。其他产品诸如空气检测仪、智能晾衣架、智能坐便器、智能床等，预留好电源插座即可。因此，建议在打造全屋智能的过程中一定要多预留电源插座，尤其是隐藏在柜子里的电源插座，方便后期家电的升级换代。

智能家电的水电预留

分类	产品	放置位置	预留方式	备注
智能家电	扫地机器人	阳台、卫生间或者洗衣房	电源插座、上下水	可以放入定制柜中或者精准嵌入
	洗地机	阳台、卫生间或者洗衣房	电源插座、上下水	可放入定制柜中
	智能坐便器	卫生间	电源插座、上下水	—
	智能晾衣架	阳台、洗衣房	电源插座	可选择嵌入式
	空气检测仪	空气质量不好的地方	电源插座	—
	智能床	卧室	电源插座	—

在全屋智能设计的过程中，信息差和学习成本很大，尤其是与装修有关的事项。本章详细总结了十大品类：全屋网络、网关、智能安防产品、智能照明、智能开关、智能温控设备、智能语音产品、智能窗帘、传感器和智能家电。

严格来说，全屋网络不属于智能家居产品的一部分，但它对智能家居体验的影响非常大，因此放在了本章的第一节。网关、智能开关和智能语音产品都是基础设备。智能安防产品、智能窗帘和传感器是大部分智能爱好者都会配置的，对于提升智能家居的联动性、个性化有很大帮助。其他品类可根据自己的实际需求配备，预算足够的话，建议所有智能产品都体验一下。

第 4 章

全屋智能家居设计实例

上一章，我详细介绍了全屋智能产品及其装修预留问题。这一章，我将结合两个实际案例，带领大家做全屋智能设计。需要强调的是，在做智能设计之前，首先要明确自己的需求，做到知己知彼。

第 1 节 梳理需求

在正式做全屋智能设计之前，无论是自己来操作落地，还是请专业的室内设计师或线下智能门店来设计，梳理家庭的需求都是第一位的。我在做智能设计时，会和业主沟通详细情况，包括过去、现在的情况，以及对未来的规划，通常沟通时间在 3 个小时左右。大家可以参考下表来梳理自己的需求。

全屋智能设计需求表 1

项目	基本情况统计					
常住人数	1 人	2 人	3 人	4 人	5 人	6 人以上
家庭成员	男孩___个　分别___岁 女孩___个　分别___岁			老人___位 分别___岁		宠物___个
户型	___室___厅___卫（___m²）					
房屋类型	精装房		毛坯新房		现住房重装	
	自建房（___层）		公寓房	别墅（___层）		
装修阶段	未装修	正在装修 （施工阶段：□水电改造　□木工　□瓦工　□油工）				精装房
入住时间	在住中	1 个月内	2 个月内	3 个月内	3 个月以后	
智能系统	灯控	电动窗帘	空调	门锁	其他	
	安防	新风系统	音乐	家电		
智装空间	全屋	客餐厅	门厅	主卧	次卧	儿童房
	书房	衣帽间	厨房	阳台	影音室	健身房
智装预算	1 万元以下	1 万 ~ 2 万元	2 万 ~ 3 万元	3 万 ~ 5 万元	5 万 ~ 10 万元	10 万元以上
智能生态（可多选）	米家	HomeKit	华为	Aqara Home	其他________（可多填）	

全屋智能设计需求表 2

项目	网络监控、影音情况统计					
AC+AP	AP 数量总计 ___ 个	客厅（ ）个	餐厅（ ）个	电竞房（ ）个	书房（ ）个	其他空间（ ）个
	总预算	300 元	500 元	1000 元	1500 元	2000 元以上
有线 Mesh	网线数量总计 ___ 根	客厅（ ）根	餐厅（ ）根	电竞房（ ）根	书房（ ）根	其他空间（ ）根
	单个路由器的预算	100 ～ 300 元	300 ～ 500 元	500 ～ 1000 元	1000 ～ 1500 元	1500 元以上
监控	覆盖区域 ___		数量 ___		预算 ___ 元	
NAS	（需求说明）					
其他	入户光纤位置 ______		网络布线位置 ______		每层可做弱电箱位置 ______	
各房间特殊需求	例如：默认每个房间只有一个网络接口，客厅是否有 Switch 游戏机、PS5 游戏机、投影仪或者电视机，卧室是用投影仪还是电视机					
总预算	______ 元					

全屋智能设计需求表 3

项目	灯光设计情况		
灯具搭配	智能灯	普通灯	智能灯 + 普通灯
风格倾向	有主灯	无主灯（需标注层高 _____m）， ☐明装 ☐暗装	
详细要求	例如：电竞房、影音室需要有特殊的光照氛围，壁画、绿植、装饰品需特殊打光，请描述清楚		
灯具品牌及预算	品牌倾向（可多选）： ☐米家 ☐易来 ☐欧普 ☐飞利浦 ☐其他 _____	预算 _____ 元	

各空间智能场景模式详情

房间	场景统计
玄关	☐回家模式 ☐离家模式 ☐安防模式
客厅	☐会客模式 ☐观影模式 ☐休闲模式 ☐娱乐模式
餐厅	☐用餐模式 ☐酒会模式 ☐聚餐模式
厨房	☐烹饪模式 ☐安防模式
阳台	☐晾晒模式 ☐休闲模式
书房	☐工作模式 ☐阅读模式 ☐休闲模式 ☐电竞模式
电竞房	☐电竞模式 ☐影音模式 ☐休闲模式
卫生间	☐灯光模式 ☐沐浴模式 ☐化妆模式 ☐起夜模式
主卧	☐起床模式 ☐睡觉模式 ☐影音模式 ☐起夜模式 ☐浪漫模式
次卧	☐起床模式 ☐睡觉模式 ☐起夜模式
儿童房	☐起床模式 ☐睡觉模式 ☐学习模式 ☐起夜模式 ☐玩耍模式
影音室	☐影音模式 ☐休闲模式
健身房	☐健身模式 ☐休息模式

续表

房间	场景统计
车库	□回家模式 □离家模式 □安防模式
庭院	□回家模式 □离家模式 □安防模式

注：① 家庭成员越多，年龄层越丰富，智能设计越需要精细化，需要考虑所有人的需求和习惯，尤其是有老人和孩子的家庭。

② 宠物对智能设计的影响较大，通常很难实现智能的自动化。

③ 精装房和毛坯房在全屋智能设计上有较大的区别：精装房的网络和水电预埋很难改变，对智能方案有较大限制；如果是毛坯房，则可以在水电改造前做好预留。

④ 智装预算和智能生态的选择非常重要，一定要在装修前期确定好，这关系到后期的选品。如果不做智能灯光设计，那么预算会少很多；反之，预算会增加一半甚至更多。因此需要单独列举出来进行梳理。

参考上述表格，梳理完需求和基本情况之后，大家对要做什么样的智能设计，就能有个初步想法了。下两节，我将分享两个不同户型的智能设计案例。

第 2 节 案例 1：92 m² 三居室全屋智能设计

房屋档案

户　　型： 3 室 2 厅 2 卫

使用面积： 92 m^2（毛坯房，水电尚未进场，是做智能设计的最佳时机）

家庭成员： 一家三口，业主 40 岁左右，孩子已经上小学，业主对智能产品非常感兴趣

业主需求

业主希望全屋都做智能设计，包括灯光、窗帘、安防、音箱等，尤其看中灯光设计，平时喜欢看电影、烹饪美食。他的智能装修预算在 2 万 ~ 3 万元之间。基于业主需求，我们为其拟定了全屋采取有主灯和无主灯搭配的设计方式，客厅整体使用明装无主灯，卧室使用智能吸顶灯。

↑户型图

智能场景设计

详细沟通之后，业主确定选用米家生态。两三万元的预算就可以做比较丰富的智能场景设计。业主对智能灯光的要求比较高，因此根据家庭需求，我们先期做了最基础的场景设计，比如回家模式、离家模式、办公模式、观影模式、烹饪模式、就餐模式、睡眠模式等，后期再根据需求增加其他场景设计。

起夜模式

- 传感器感应到有人下床，床下灯带自动点亮，且为低亮度、暖色温
- 感应到卫生间有人，小夜灯自动开启且为暖色调
- 2 分钟无人移动，渐次关灯

睡眠模式

- 对智能音箱说“晚安”，关闭全屋吸顶灯、灯带，床头灯亮起
- 窗帘缓缓关闭，轻柔的音乐伴业主入眠，1 分钟后灯光缓缓熄灭

办公模式

- 打开吸顶灯，智能音箱播放轻柔的音乐
- 空气检测仪实时检测空气质量，必要时打开窗户进行通风

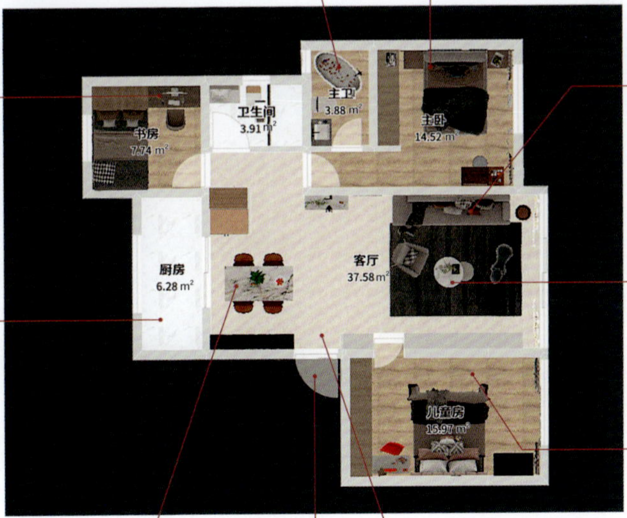

观影模式

- 打开电视柜氛围灯，客厅灯组亮度自动调低，且为暖色温
- 关闭其他灯光，关闭窗帘，打开电视机

会客模式

- 格栅射灯灯光聚焦在茶几上，氛围灯亮度降低
- 关闭其他灯光，拉上窗帘，营造和谐愉快的会客氛围

烹饪模式

- 人在传感器感应到有人，打开厨房面板灯光，照亮工作台
- 水浸传感器时刻守护厨房安全，有任何问题时响起警报，并推送手机通知

起床模式

- 智能音箱播放音乐，叫主人起床，打开窗帘或吸顶灯
- 智能音箱语音播报：天气、温度、穿衣指数，温柔唤醒，对主人的守护从清晨开始

就餐模式

- 打开餐厅吊顶，调整为暖色调
- 关闭其他空间灯组或调低亮度，营造就餐氛围

离家模式

- 智能门锁一键布防，开启离家模式
- 关闭所有灯具，节能环保

回家模式

- 指纹识别，开启智能门锁
- 开门瞬间吸顶灯自动亮起，客厅的智能音箱播放欢迎音乐
- 客厅筒灯、格栅射灯、射灯依次亮起，用灯光打造回家的仪式感

↑基础智能场景设计

全屋网络设计

业主选择有线 Mesh 组网，我们在弱电箱处放置了交换机，在客厅的电视机柜处放置了主路由器，覆盖主卧、次卧、客厅区域，并预留 3 个网络接口；在主卧预留 1 个网络接口，可接电视机、电脑等；在次卧预留 1 个网络接口。因为小书房用网需求较高，所以放置 1 个副路由器，并预留 2 个网络接口，未来可以连接电脑、游戏机等。

室外网络经光纤入户后接入弱电箱的光猫，网络信号从光猫经网线接入客厅主路由器，再从主路由器回到弱电箱里的交换机，通过有线方式，网络信号最后传输到全屋所有网络接口和副路由器，实现全屋网络覆盖。

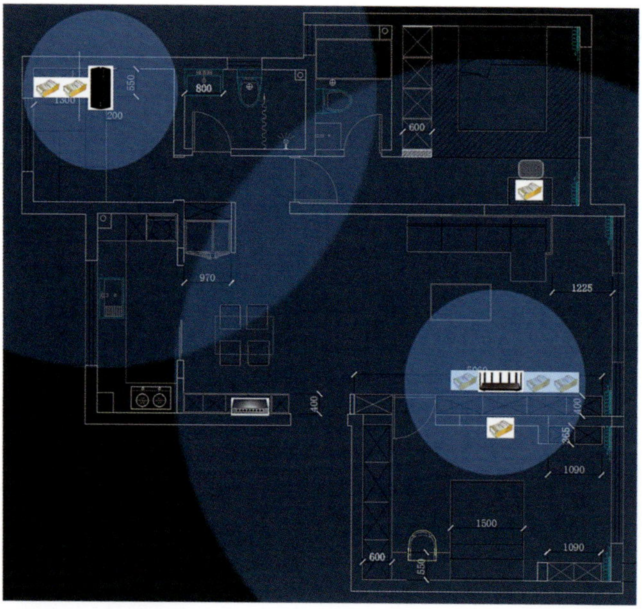

↑有线 Mesh 组网

全屋智能方案

由于业主很看重智能灯光，因此我们选择了易来 Pro 线下灯具和线上灯具相结合的形式，再搭配小米和米家生态链产品。

在做这份方案设计时，磁吸轨道灯才刚刚兴起，市面上可选择的产品不多，所以此设计相当于采用了两套系统：一套是明装轨道灯，通过易来网关接入米家；另一套是米家系统，所有的吸顶灯都是线上产品，可以直接接入米家。

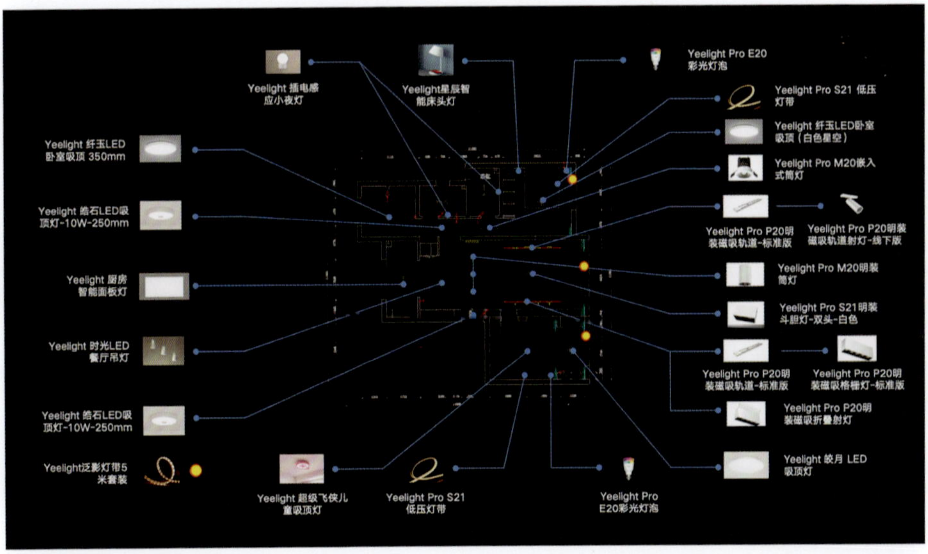

↑智能灯光产品设计

另外，业主原本在床头选择了好看的壁灯，我们直接更换为智能灯具，可以实现智能控制。其他智能产品的选品和位置，如下图所示。

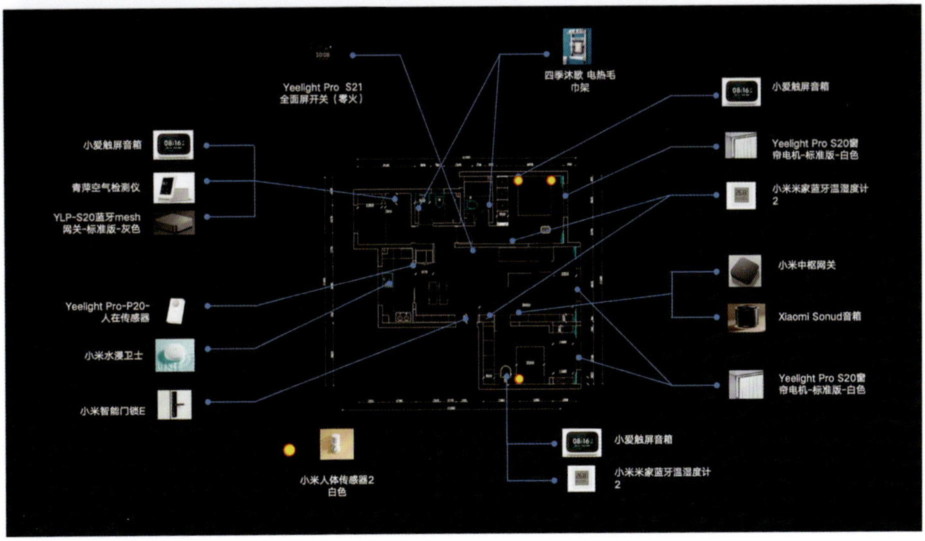

↑其他产品的智能设计

1. 网关选择

所有智能产品都接入中枢网关或易来网关，分别位于客厅电视柜处和小书房，正好覆盖全屋。

2. 各空间智能设计

根据业主需求，我们在玄关处配置了智能门锁，实现离家场景和回家场景。

从客厅到卧室的墙面上，布置了全面屏开关，控制全屋的智能设备，提升整体设计感，需注意预留零线。

在厨房门口布置了人在传感器，业主在厨房做饭或者洗碗时，不需要做多余的动作，自动控制灯光的开和关，方便实用。

在书房布置了一个空气检测仪，因为书房面积不大，偶尔有烟味，所以用空气检测仪联动风扇或者空调、新风系统。

业主家在南方，家里的相对湿度比较高，毛巾无法自然晾干，因此我们在卫生间配备了电热毛巾架，在客厅和主卧配置了温湿度传感器，湿度过大时可以联动家中的设备进行除湿。

业主选择了凌动开关（和普通开关一样），直接在室内设计师规划的电点位上布置即可。建议在所有开关处预留零线，后期想升级的话可以直接更换。

另外，业主的房子里没有独立阳台，只做了简易的晾衣架，没有在其中规划智能家电。

智能产品选型

确定好智能产品之后，可以根据实际施工进度购买和安装，本案例具体选品表格如右页所示，仅供大家参考。

各空间智能产品清单

空间	产品分类	产品名称	单价（元）	数量（个）	小计（元）
玄关	智能门锁	小米智能门锁 E	899	1	899
	玄关灯	易来皓石 LED 吸顶灯：10W，250 mm（人体感应玄关过道灯）	89	1	89
	开关	易来凌动开关三键	59	1	59
客厅	走廊筒灯	易来 Pro M20 明装筒灯	199	3	597
	控制中心	易来 Pro S21 全面屏开关（零火版）	999	1	999
	明装轨道	易来 Pro P20 明装磁吸轨道：标准版，1.5 m，白色	229	4	916
	轨道配件	易来 Pro P20 明装磁吸 I 型连接件：标准版，白色	12	2	24
	轨道电源	易来 Pro P20 明装磁吸吊装电源：标准版，120 W，白色	299	2	598
	沙发轨道射灯	易来 Pro P20 明装磁吸轨道射灯：线下版，24°，白色	449	4	1796
	电视轨道折叠灯	易来 Pro P20 明装磁吸折叠射灯：线下版，5 头，白色	549	2	1098
	电视轨道格栅灯	易来 Pro P20 明装磁吸格栅灯：标准版，5 头，白色	399	2	798
	斗胆灯	易来 Pro S21 明装斗胆灯：双头，白色，30°，标准版	499	1	499
	温湿度传感器	小米米家蓝牙温湿度计 2	29	1	29
	智能音箱	Xiaomi Sonud 音箱	499	1	499
	控制中心	小米中枢网关	309	1	309
	窗帘盒灯带	易来泛影灯带 5 米套装	179	1	179
	智能窗帘	易来 Pro S20 窗帘电机：标准版，白色	799	2	1598

续表

空间	产品分类	产品名称	单价（元）	数量（个）	小计（元）
餐厅	餐桌吊灯	易来时光 LED 餐厅吊灯	299	1	299
	开关	易来凌动开关双键	49	1	49
厨房	灯具	易来厨房 30 mm × 60 mm 智能面板灯	219	1	219
	人在传感器	易来 Pro-P20 人在传感器	449	1	449
	水浸报警器	小米水浸卫士	59	1	59
卧室过道	吸顶灯	易来皓石 LED 吸顶灯：10W，250 mm（人体感应过道灯）	89	1	89
	开关	易来凌动开关三键	59	1	59
次卫	小夜灯	易来插电感应小夜灯	29	1	29
	智能毛巾架	四季沐歌电热毛巾架	968	1	968
书房	吸顶灯	易来纤玉 LED 卧室吸顶 灯 350 mm（白色星空）	399	1	399
	开关	易来凌动开关单键	39	2	78
	智能音箱	小爱触屏音箱	189	1	189
	空气检测仪	青萍空气检测仪	799	1	799
	控制中心	YLP-S20 蓝牙 Mesh 网关：标准版，灰色	499	1	499
主卧和主卫	过道筒灯	易来 Pro M20 嵌入式筒灯	139	1	139
	吸顶灯	易来纤玉 LED 卧室吸顶灯 450 mm（白色星空）	449	1	449
	过道开关	易来凌动开关双键	49	1	49
	床头壁灯	易来 Pro E20 彩光灯泡	149	1	149
	床下灯带	易来 Pro S21 低压灯带	89	6	534
	床下灯带	易来 Pro S21 低压驱动 120 W	499	1	499
	窗帘盒灯带	易来泛影灯带 5 米套装	179	1	179

续表

	产品分类	产品名称	单价（元）	数量（个）	小计（元）
主卧和主卫	床头开关	易来凌动开关三键	59	1	59
	智能音箱	小爱触屏音箱	189	1	189
	床头台灯	易来星辰智能床头灯	339	1	339
	温湿度传感器	小米米家蓝牙温湿度计 2	29	1	29
	人体传感器	小米人体传感器 2 白色（起夜模式下启用）	59	2	118
	智能窗帘	易来 Pro S20 窗帘电机：标准版，白色	799	1	799
	主卫小夜灯	易来插电感应小夜灯	29	1	29
	主卫毛巾架	四季沐歌电热毛巾架	968	1	968
儿童房	卧室吸顶	易来超级飞侠儿童吸顶灯（粉色）	309	1	309
	小阳台吸顶	易来皎月 LED 吸顶灯智能款	89	1	89
	入门开关	易来凌动开关双键	49	1	49
	床头壁灯	易来 Pro E20 彩光灯泡	149	1	149
	床下灯带	易来 Pro S21 低压灯带包胶	89	6	534
	床下灯带	易来 Pro S21 低压驱动 120 W	499	1	499
	开关	易来凌动开关三键	59	1	59
	智能音箱	小爱触屏音箱	189	1	189
	温湿度传感器	小米米家蓝牙温湿度计 2	29	1	29
	人体传感器	小米人体传感器 2 白色（起夜模式下启用）	59	1	59
	窗帘盒灯带	易来泛影灯带 5 米套装	179	1	179
	小阳台开关	易来凌动开关两键	49	1	49
	智能窗帘	易来 Pro S20 窗帘电机：标准版，白色	799	1	799

最后智能产品的总费用控制在 3 万元以内，多出来的预算可以再增加一些智能家电，比如扫地机器人、洗地机等。

全屋智能产品的水电预留和安装调试

1. 水电预留

接下来就是在施工过程中做好水电预留，需注意以下几个方面：

①在弱电箱中预留插座，为光猫和路由器供电，按组网规划拉好网线，留好网络接口，布置好网关。

②为所有智能开关预留零线，尤其是全面屏开关。

③为智能灯带预留三芯线，可以实现调光调色；主卧过道处的筒灯需预留直径为 75 mm 开孔。

④注意智能门锁的开门方向，门锁把手要便于开关门；玄关位置可以预留电源，方便给门锁充电。

⑤客厅、餐厅、厨房多预留几个插座，为厨房预留智能插座，方便断电。

⑥客餐厅的智能窗帘选择双轨道搭配窗帘盒灯带，窗帘盒预留 25 cm 宽，主卧和儿童房的智能窗帘建议选择单轨道，窗帘盒预留 15 cm 宽即可，并在轨道正下方 50 cm 处预留好插座。

⑦为人在传感器预留网线和插座。

2. 安装调试

具体安装不复杂，让负责相应产品的师傅直接安装即可，比如智能窗帘轨道，可以直接让窗帘师傅安装。窗帘电机的安装很简单，业主自己就可以操作。

智能场景调试也不难，现在米家 APP 已经有基础的场景推荐，可以参考。尝试几次后，就可以自己发挥创造力，设计想要的场景模式。

这个家庭的全屋智能设计属于基础版，无论是业主的需求还是房屋的情况都不算太复杂。大家可以参考并打造自己家的智能场景，核心是做全屋智能设计的思路——首先理清需求，然后再根据想实现的智能场景进行设计，最后是选品、采购及安装调试。

水电预留是不可逆的，所以我们要在前期做好预留工作，后期无论是增加智能产品，还是调整智能场景，都会事半功倍。

第 3 节 案例 2：五层独栋别墅全屋智能设计

房屋档案

房屋类型： 独栋别墅（五层）

使用面积： 350 m²（单层面积约 70 m²，简装）

家庭成员： 三代同堂，夫妻俩 +2 个老人 +1 个男孩（正在上幼儿园，室内有很多供孩子玩耍的区域）

别墅各楼层功能区简介

这个案例的别墅一共五层，每层功能分区情况如下：

负二层：儿童攀岩墙区、影音室，安装了大尺寸透声幕布，做有全景声音响系统。

负一层：手工学习区、儿童秘密基地、阅读区、活动区。

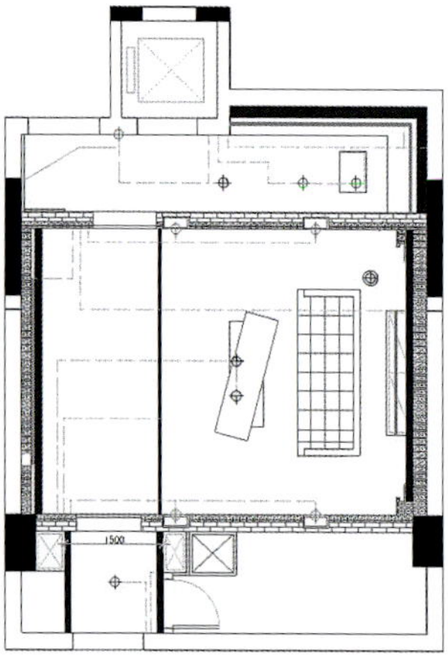

↑负二层平面图

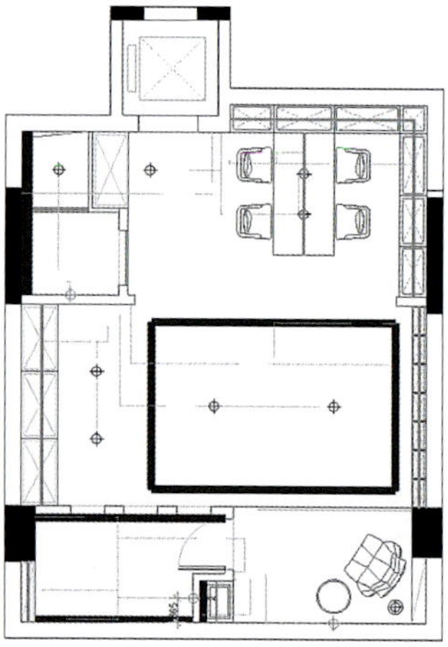

↑负一层平面图

一层：客厅、餐厅、厨房、次卫、钢琴区、户外花园。

二层：次卧、儿童房、次卫、衣帽间。

三层：主卧、主卫、衣帽间。

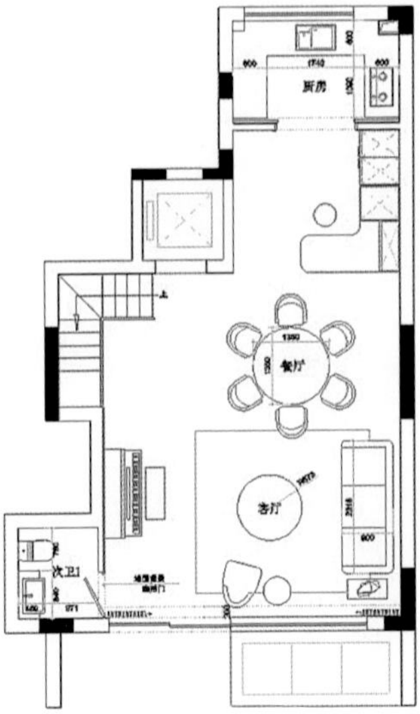

↑一层平面图

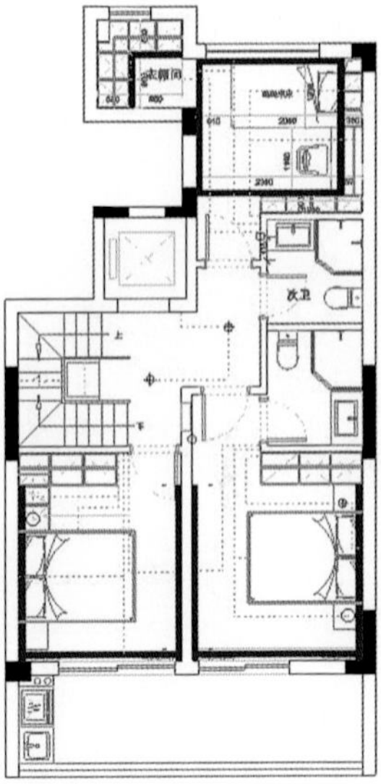

↑二层平面图

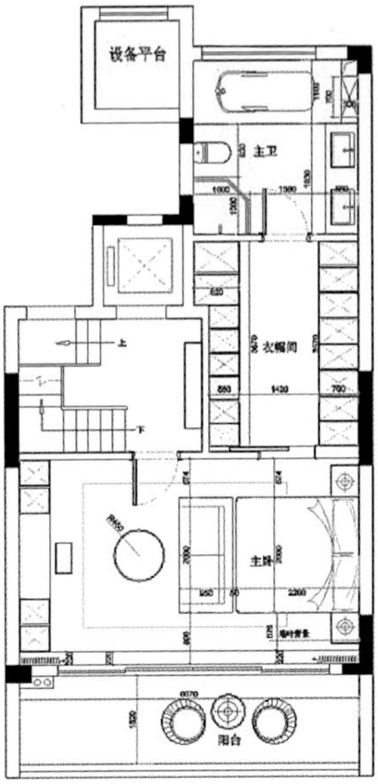

↑三层平面图

业主需求

业主希望全屋都做智能设计，包括灯光、安防、空调、音箱等，智装预算在5万元左右。负二层、负一层和二层的灯光需要重新设计，均采取无主灯设计，大多数空间需要重新做吊顶。另外，负二层和负一层部分区域是相通的。

↑负二层和负一层相通区域

智能场景设计

沟通之后，我们为业主选择苹果 HomeKit 生态。虽然业主的预算比较高，但因为房子的层数多、面积较大，对设计者来说仍充满挑战。如果全屋选择智能灯具，那么预算会非常紧张。因此我们建议业主只在负二层、负一层和二层做智能灯光设计，而在其他楼层使用普通灯具，但装修预留都同样进行，方便后期对其他楼层进行改造升级。

接下来一起来看看全屋的智能场景设计，二层、三层均为卧室，智能场景比较相似，因此我们重点关注负一层到二层的场景设计，因其个性化程度非常高。

1. 负二层智能场景设计

业主是通过负二层开车出入家门的，因此将离家模式、回家模式和安防模式设置在此处。业主在负二层布置了影音房，安装了造价昂贵的透声幕布，但它不能接入苹果 HomeKit 生态，因此无法直接联动。儿童攀岩墙区和玩耍区同样需要自动场景，高精度传感器感应到有人移动，灯光自动亮起，为攀岩护航；攀岩墙从负二层延伸到负一层，因此两层楼都有设计，电梯场景也是每层都会有。

电梯

●人体传感器感应到有人移动，壁灯自动亮起

● 2 分钟无人移动，自动关闭灯组

手工模式

●开启射灯和氛围灯带，亮度调到最高，便于孩子做手工

攀岩墙

●高精度传感器感应到有人移动，灯光自动亮起，为孩子攀岩护航

●攀岩结束，高精度传感器感应到无人移动，1 分钟后自动关闭灯光

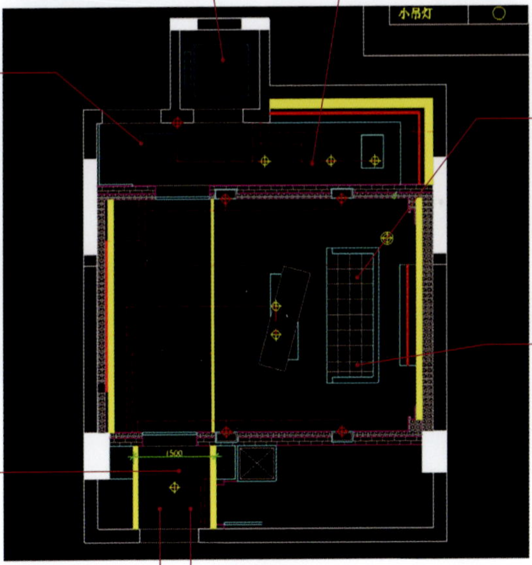

会客模式

●人在传感器感应到茶几对面及沙发上有人，开启会客模式

●打开射灯、壁灯，营造会客场景

观影模式

●人在传感器感应到所有人坐到了沙发上，开启观影模式，氛围灯带缓缓打开，色温变暖

●关闭其他灯组

安防模式

●摄像头实时监控家里的情况

●如果发现异常，则向手机发送消息提醒

离家模式

●智能门锁一键布防，开启离家模式

●关闭所有的灯组、窗帘，关闭空调

回家模式

●智能门锁识别人脸，自动开门

●人体传感器感应到有人开门，玄关射灯、灯带自动亮起，智能音箱播放欢迎音乐

●走廊灯带缓缓亮起

●玄关人体传感器感应到无人移动，灯组缓缓熄灭

↑负二层智能场景设计

2. 负一层智能场景设计

负一层是孩子的学习区和活动区，以学习场景和娱乐模式为主，同样的，灯光设计也是以此为根据。比如阅读模式设计，智能音箱开启阅读模式，打开书架上的灯带，便于孩子挑选书籍；开启壁灯或落地灯，开始阅读。

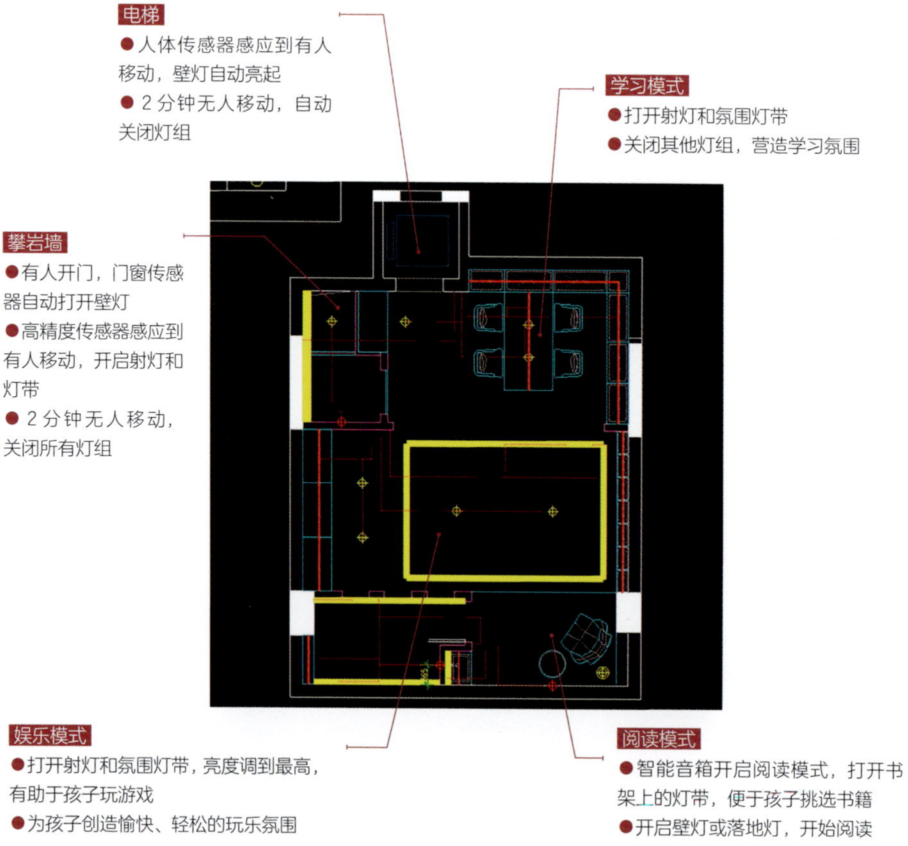

↑负一层智能场景设计

3. 一层智能场景设计

一层为基础的起居场景，钢琴区域采用了非常个性化的设计，比如将射灯聚焦在钢琴上，这时自动开启氛围灯；关闭其他灯光，关闭窗帘，营造欣赏音乐的高雅气氛。此外，我们还设计了烹饪模式、就餐模式和会客模式。

电梯

- 人体传感器感应到有人移动，射灯亮起
- 人体传感器感应 2 分钟无人移动，自动关闭灯组

烹饪模式

- 高精度传感器感应到有人移动，打开厨房灯，照亮工作台
- 燃气报警器、水浸传感器、烟雾传感器守护厨房安全，有问题时响起警报，推送手机通知

安防模式

- 摄像头时刻监控家中的安全情况
- 有异常声响，及时发送手机提示，摄像头对目标进行跟踪

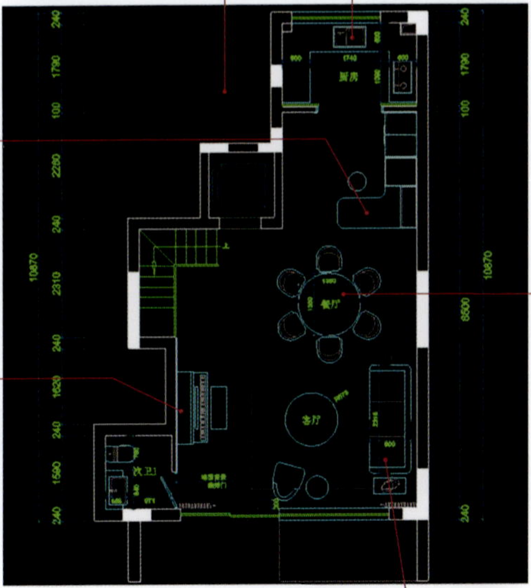

就餐模式

- 打开餐厅吊灯、灯带
- 关闭其他空间灯组，营造温馨的就餐场景

钢琴区音乐模式

- 射灯聚焦在钢琴上，氛围灯自动开启
- 关闭其他灯光，关闭窗帘，营造欣赏音乐的高雅氛围

会客模式

- 开启客厅灯带、落地灯
- 关闭其他区域的灯光，关闭窗帘，营造有助于专注会客的氛围

↑一层智能场景设计

4. 二层智能场景设计

二层的智能场景主要与睡眠相关，包括起夜模式、睡眠模式和起床模式。比如起夜模式：人体传感器感应到有人下床，床下低压灯带会自动点亮，且为最低亮度、暖色温；人在传感器感应到卫生间有人，自动开启小夜灯；人在传感器感应到 2 分钟无人，自动关灯。

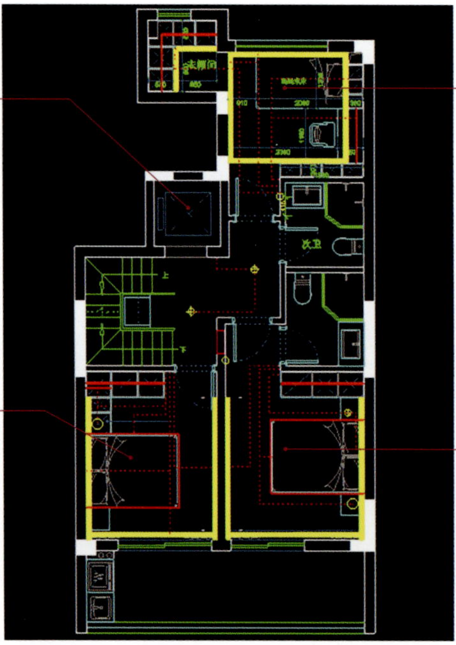

↑二层智能场景设计

全屋网络设计

虽然是别墅户型，业主还是选择了有线 Mesh 组网。弱电箱位于二层，因此我们将主路由器也放置在二层，网络信号经由弱电箱到达主路由器，再回到各个楼层的交换机，最后到达各个网络接口、副路由器、摄像头、NAS 等用网设备。

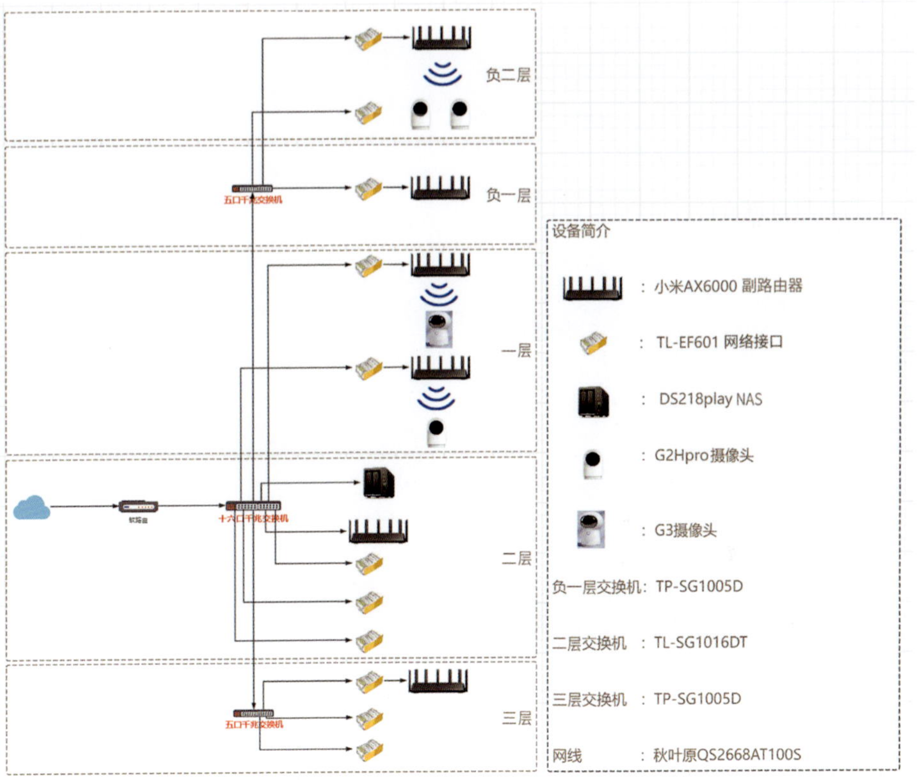

↑有线 Mesh 组网

1. 负二层

将路由器放在沙发后面的柜子里，覆盖整个负二层。在储藏间音箱设备处预留一个网络接口。在玄关放置一个摄像头，监控大门位置，注意给摄像头预留电源插座。电梯对面墙体靠右，第二个摄像头监控电梯、消防门及攀岩墙位置，需要预留好电源插座。摄像头的可视角度为 146° ，注意调整好监控位置。

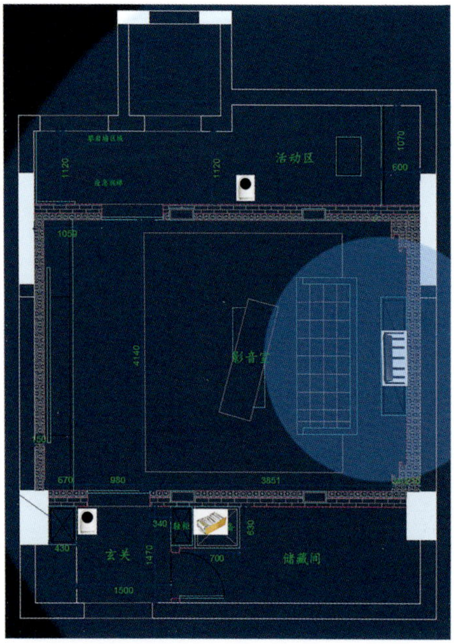

↑负二层网络布置

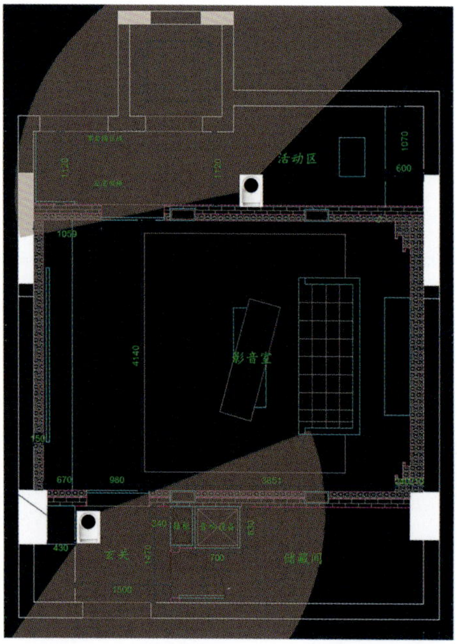

↑负二层监控覆盖图示

2. 负一层

交换机位于手工学习区的柜子里，路由器在手工学习区右侧柜子里，覆盖整个负一层无线网络。因为此楼层无电视机、监控等设备，所以可根据网络信号情况酌情添置路由器。

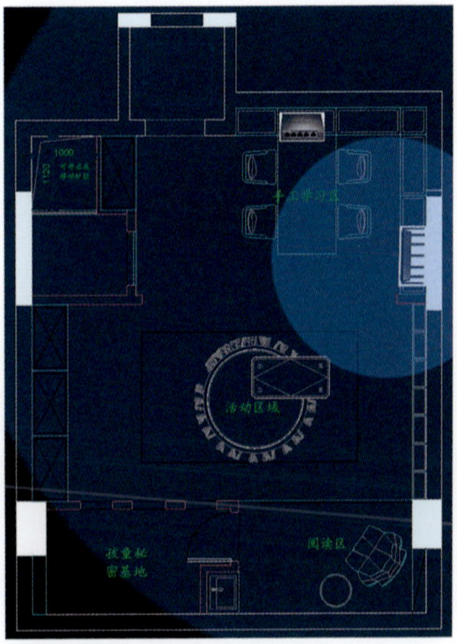

↑负一层网络布置

3. 一层

在沙发靠墙位置放置一个路由器。在厨房门口的柜子里放置一个路由器，此处非必须，可以根据网络信号情况酌情考虑放置。在拐角吧台处放置摄像头，可监控厨房窗户处位置，也可联动智能设备。在门口靠左位置放置摄像头，监控室外花园的情况，注意需要预留电源插座。

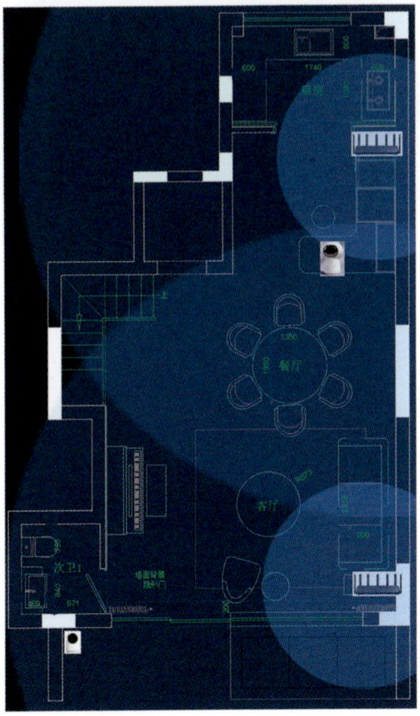

↑一层网络布置

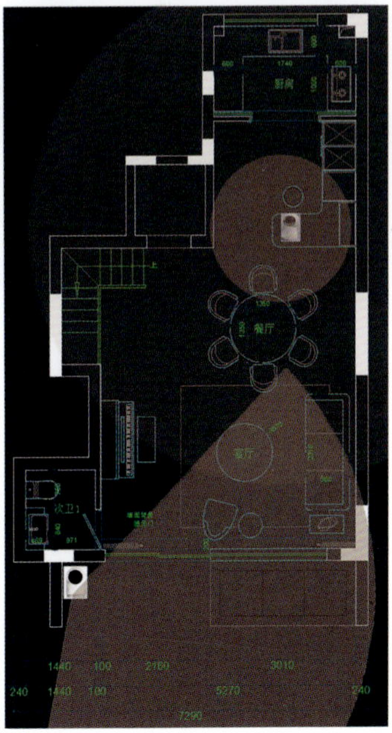

↑一层监控覆盖图示

4. 二层和三层

在二层衣帽间柜子处放置汇聚层交换机，连接整栋楼的网络设备。NAS 连接交换机，可用 NAS 做软路由器。二层各房间都预留了一个网络接口，在次卧 2 进门出风口处的放置一个路由器，覆盖二层。

在设备平台处放置三层的交换机，在衣帽间柜子里放置一个路由器，覆盖三层。在主卧办公桌处预留两个网络接口，方便连接电脑等。

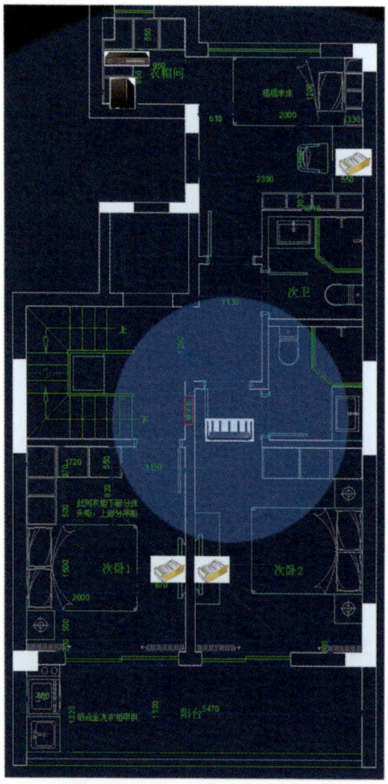

↑二层网络布置

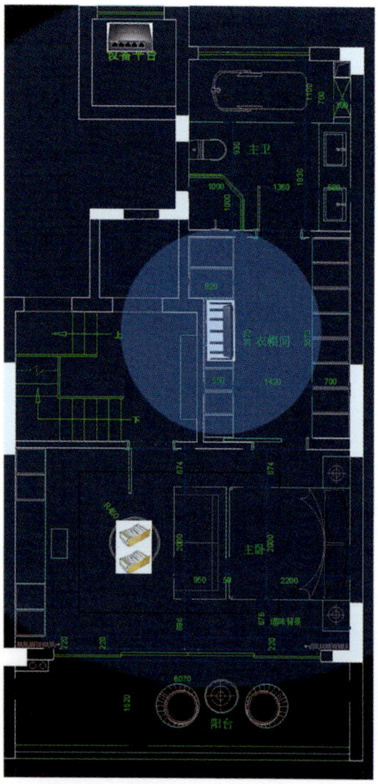

↑三层网络布置

以上就是别墅整体的网络布置以及部分用网设备，总共需要 3 个交换机、4 ~ 6 个路由器、4 个摄像头，其他设备如 NAS 等，可以根据实际需求配置。

别墅网络设备和监控用品

类别	设备型号	产品优势	单价（元）	数量（个）	小计（元）
超六类非屏蔽网线（100米）	QS2668AT100S	万兆带宽无氧铜	399	2	798
路由器	AX6000	5GHz 双频，Wi-Fi 6，千兆带宽，支持有线 Mesh 组网	599	6	3594
墙壁网络接口	TL-EF601	集成超六类非屏蔽免打扰信息模块	49.5	11	544.5
交换机	TL-SG1016DT	16 口全千兆带宽交换机	459	1	459
交换机	TP-SG1005D	5 口全千兆带宽交换机	99	2	198
监控摄像头	G2Hpro	146° 广角摄像，支持 NAS，512GB 内存扩展，保护隐私区域，2.4GHz 网络连接，异常声音报警，内置网关	499	3	1497
监控摄像头	G3	360° 自由巡航，人脸检测识别，手势识别，异常声音报警，2.4GHz、5GHz 无线连接，内置网关，红外遥控传统智能家居	699	1	699

注：网络设备和监控用品总共 26 件，总价约为 7790 元。

全屋智能方案和智能产品选型

别墅大部分区域都是无主灯设计，用到了很多灯带和筒灯、射灯，业主选择苹果 HomeKit 生态，因此我们为其选择了普通筒灯、射灯搭配绿米双色温驱动，以及普通灯带搭配灯光调光模块，实现灯具智能化控制。另外，业主希望能够实现无感化智能场景切换，因此我们在室内配置了很多传感器。

1. 负二层智能设计方案

在影音房靠近攀岩墙的中间墙壁上配备了一款全面屏开关，方便直接在屏幕上控制所有智能产品或者一键开启各种场景。由于产品的更新换代非常快，因此本方案中的部分用品可以直接升级。

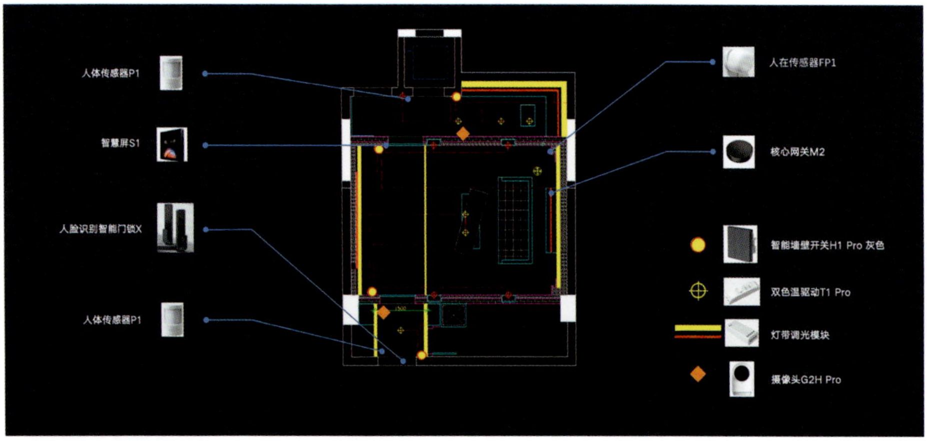

↑负二层智能设计方案

2. 负一层智能设计方案

负一层有天窗，因此我们专门配置了一个水浸传感器，水浸传感器检测到稍雨时会及时关窗。在攀岩墙位置，因为小朋友会在上面攀爬，所以使用了高精度人体传感器，联动灯光等设备。

↑负一层智能设计方案

3. 一层智能设计方案

一层是主要的活动区域，使用了比较多的智能产品，比如智慧屏，大屏幕可展现品位和质感。在吧台区配置了摄像头，拥有云台，可以 360° 全景巡航，画质好，适合全屋的安防。

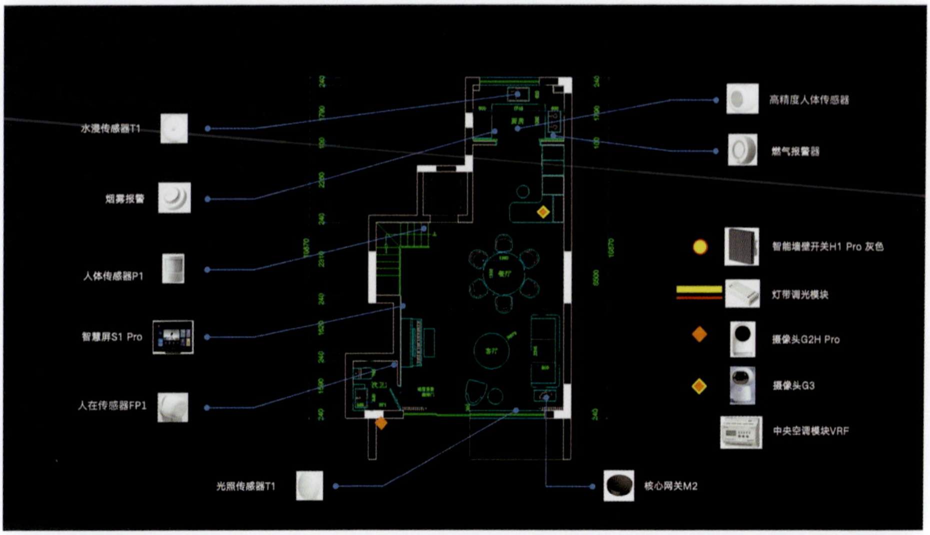

↑一层智能设计方案

4. 二层、三层智能设计方案

二层是老人和孩子的卧室，我们配置了 3 个无线智能开关，实现双控，照顾老年人的使用习惯，其他楼层基本都是做单控。此外，给所有卫生间都配置了人在传感器，确保人无论有无动作，都不会熄灯。

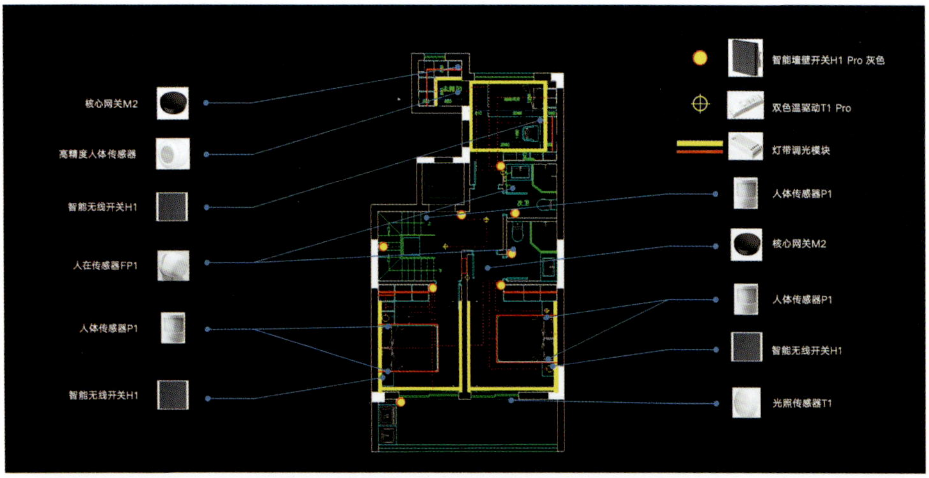

↑二层智能设计方案

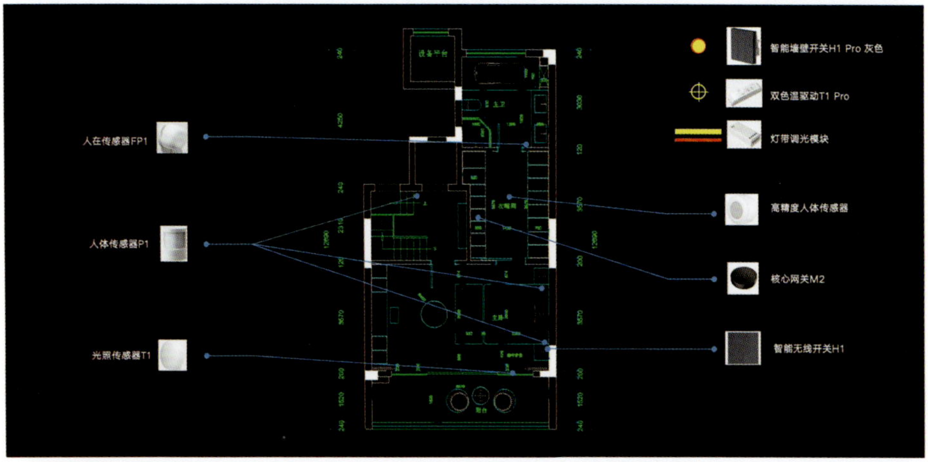

↑三层智能设计方案

全屋智能产品的水电预留和安装调试

1. 水电预留

这家每层楼的布局和设计都不太一样，有以下几个方面需注意：

①在弱电箱中预留插座，为光猫和路由器供电。二层主路由器需拉两条网线，预留电源插座，一进一出，为负一层、三层交换机位置预留电源插座。在所有副路由器位置预留一根网线和电源插座，其他位置按组网规划拉好网线，留好网络接口，布置好网关。网线选择超六类非屏蔽网线。

②注意智能门锁的开门方向，门锁把手方向需便于开门；玄关位置需预留电源插座，方便给门锁锂电池充电。

③在厨房吊顶上给燃气报警器预留电源插座。

④给所有的楼层开关预留零线，其中两款全面屏开关也需要预留零线。

⑤为智能灯带预留三芯线，可实现调光调色。

⑥为客餐厅、厨房多预留几个插座，厨房可以预留智能插座，方便断电时使用。

⑥智能窗帘选择双轨道搭配窗帘盒灯带的，窗帘盒预留 25 cm 宽；单轨道的窗帘盒预留 15 cm 宽，并在轨道正下方 50 cm 处预留好对应插座。

⑦人在传感器 FP1 需要预留网线和插座。

⑧一层使用了 VRF 中央空调控制器，需要在空调内机吊顶里为其预留插座。

⑨一层大门外安装了智能摄像头，需要为其预留网线和插座。

2. 安装调试

安装很简单，让负责相应产品的师傅直接安装即可，比如灯带调光模块和双色温驱动，可以让安装灯具的师傅来做。

智能场景调试也非常方便，在安装好之后，一一接入网关和 HomeKit 生态，根据自己的实际需求进行调试。因为楼层多、智能产品多，如果感觉比较麻烦，那么也可以请线下店师傅帮忙调试。

通过对平层和别墅两个不同案例的分析，相信读者对自己家的全屋智能规划和预留有了一定的了解，再次简单总结如下：

第一步，根据表格梳理家庭情况和需求，务必照顾到所有家庭成员，最重要的是确认所使用的生态和自己的预算。

第二步，根据家庭情况设计每个空间的智能场景，确认是否使用智能灯具。

第三步，根据智能场景确定需要的智能产品并选品。

第四步，根据各区域情况做好水电、网络预留，建议多预留一些插座。预留完成进行下一步装修之前，一定要认真核对，以防遗漏。

第五步，购买，安装落地。

第六步，通网，调试使用。

附录

附录 1 全屋智能设计常见问题

1. 智能开关和智能灯具可以同时使用吗?

可以同时使用，不过智能开关需要转无线控制。之所以经常被问到这个问题，是因为前几年的智能技术发展还不够成熟，智能开关控制智能灯具时，会经常出现一些意想不到的问题，因此网络平台上会有业主建议两者不要同时使用。现在技术已经成熟多了，而且我推荐智能开关搭配智能灯具，这样有非常多的智能玩法。

2. 家里有猫狗，怎么实现自动化?

如果家里宠物是全屋放养的，那么自动化的实现肯定会受影响，不建议搭建自动化，直接做场景开关就好。如果是在室内特定区域或某个房间养宠物，就可以在宠物不常出现的地方做自动化，有的业主还会给宠物房做专门的宠物用品自动化。

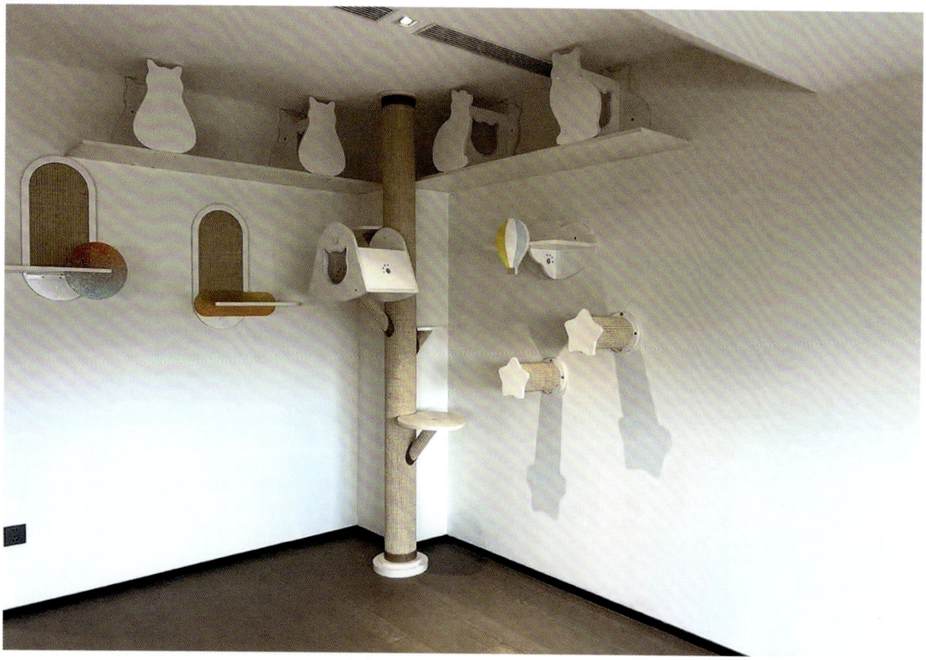

↑猫屋

3. 是否需要在全屋布置智能插座?

智能插座的主要作用是通电、断电、统计耗电量和观察用电功率，可以在厨房或需要通断电的位置使用智能插座，其他位置没有必要。后期如果有需求，也可以用空调伴侣插座代替。

4. 家里断网了，是不是就不能控制全屋智能产品?

这需要具体问题具体分析。第一，断网之后，物理控制是不受影响的，比如智能开关、智能灯具，仍可以像普通开关、普通灯具一样控制；第二，如果是接入中枢，实现本地化的场景或者控制，那么也可以继续使用；第三，大部分 Wi-Fi 协议的产品，由云端控制或触发的设备或场景，断网后会失效，无法进行手机控制、语音控制。

5. 智能开关能控制窗帘电机和智能浴霸吗?

智能开关可以控制窗帘电机，不过一般是在转无线之后才能控制。除了控制窗帘电机，智能开关转无线之后还可以控制多个智能产品，实现一键即达特定场景，比如会客模式、睡眠场景等。

最好不要用智能开关控制智能浴霸，因为所有品牌的智能浴霸的功率都很大，一般会超过智能开关的可承载范围，而且智能浴霸一般也会配备专门的开关，直接使用即可。

↑智能浴霸开关

6. 我想把所有的家电都接入智能家居系统，可以实现吗？

目前还没有办法做到，除了小米的智能家电都可以接入米家平台，其他品牌的家用电器都无法实现完全互联互通。另外，很多商家也在开始构建自己的智能家居平台。不过有些能够红外控制的产品是可以通过智能音箱实现互相联动的。

7. 需要为每个房间都配置智能音箱吗？

这个因人而异，有的人喜欢语音控制，可以多配置一些智能音箱；而有的人喜欢自动化，不喜欢动嘴，就可以少配置一些。在装修时不需要着急购买智能音箱，可以在所有智能产品配置得差不多时再购买。一般来说，可以在客厅、卧室、书房等位置配置不同的智能音箱或者智能屏，实现联动。

8. 青空灯可以安装在厨房吗？

青空灯是一种模拟自然光效果的灯具，可以提升居住环境的舒适度和美观性。但它不能作为主照明，因此不建议安装在厨房。青空灯可以展现蓝天的氛围感，受到很多人的追捧，安装过的不少用户反馈其效果非常不错。不过要注意：青空灯不能作为主光源，只适合营造氛围，因为它的出光方向不是正面向下，而是打向墙面。如果还是不太清楚，则可以到智能家居线下店去感受一下，那样会更加直观。

↑青空灯

另外，大部分青空灯的体积都比较大，需要提前做吊顶，对安装要求较高，购买前一定要确认是否有条件安装。

9. 凌动开关需要零火线吗?

单火线或零火双线都可以使用凌动开关，因为凌动开关本质上并不属于智能开关，而是能够常通电的普通开关。要想实现智能化，凌动开关需要搭配智能灯具，而且是必须支持凌动功能的智能灯具。因此，在选购产品时，一定要提前询问商家智能灯具是否支持凌动功能，否则可能无法使用。

如果家里只有单火线，无法加拉零线，就可以选择凌动开关搭配智能灯的方案。现在很多智能开关都具有凌动模式，需要什么模式一键转换即可，非常方便。

10. 家里有老人，智能开关能做双控吗?

可以。智能开关的本质是多控，因此双控是没有问题的。接线时注意，双控第一个开关正常接线，第二个开关只接零火线，不要接灯控线，或者把灯控线短接，也就是灯控线只需接到其中一个开关上。设置自动化时可以转无线，或者使用互控功能，就能实现双控。

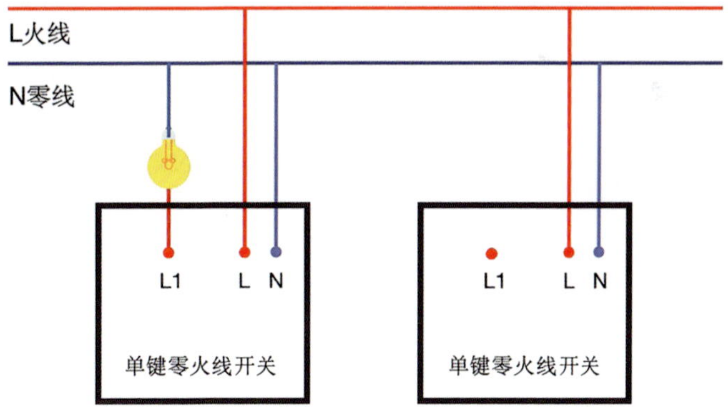

↑智能开关双控接线示意

附录 2 全屋智能产品水电预留表

全屋智能产品水电预留表

分类	产品	放置位置	预留方式
全屋网络	光猫	弱电箱中	电源插座
	交换机	弱电箱中	电源插座
	主路由器	电视机柜中或客餐厅空调进风口吊顶处	2 根网线和电源插座
	副路由器	主卧进门空调进风口吊顶处	1 根网线和电源插座
智能网关	中枢网关	电视机柜中	网线和电源插座
	智能网关	电视机柜中	网线和电源插座
	M2 智能网关	电视机柜中	网线和电源插座
	智能网关 E1	根据个人需求放置	—
	智能网关 M1S	电视机柜中	电源插座
	智能多模网关 2	电视机柜中	电源插座
智能安防	智能门	玄关入户处	电源插座
	智能门锁	玄关入户处	预留电源插座，给门锁电池充电
	摄像头	根据个人需求放置	预留电源插座；安装在室外的摄像头需接网线，安装在室内的摄像头需选择 Wi-Fi 版本
	水浸传感器	水管、水池下方	—
	烟雾报警器	厨房吊顶上	—
	燃气报警器	厨房吊顶上	电源插座

续表

分类	产品	放置位置	预留方式
智能照明	吸顶灯	根据施工图放置	根据施工图预留
	磁吸轨道灯		根据施工图预留，只需给轨道供电
	筒灯、射灯		根据施工图预留，注意开孔大小
	灯带		根据施工图预留，需预留三芯线
智能开关	单火版智能开关	根据施工图放置	86 型接线盒
	零火版智能开关	根据施工图放置	86 型接线盒（需预留零线）
	凌动开关	根据施工图放置	86 型接线盒
	无线开关	根据个人需求放置	如果使用电池版无线开关，则不用提前做预留
	全面屏开关	根据施工图放置	86 型接线盒
智能温控设备	空调伴侣插座	壁挂式空调电源插座	—
	小超人控制器	接入风管机	—
	VRF 中央空调控制器	适配的中央空调内机中	电源插座，根据产品型号预留网线
智能音箱	智能家庭屏	茶几、书桌、电脑桌上	电源插座
	触屏音箱	卧室床头	
	带网关的智能音箱	客厅	
	语音唤醒更灵敏的智能音箱	客厅	

续表

分类	产品	放置位置	预留方式
智能窗帘	开合帘电机	窗帘处	电源插座预留在轨道正下方 50 cm 处
	梦幻帘电机	窗帘处轨道的侧面	电源插座预留在轨道正下方 50 cm 处
	卷帘电机（含香格里拉帘电机）	窗帘处	电源插座可隐藏在窗帘盒里
	窗帘伴侣	窗帘处	—
	推窗器	窗户处	—
智能传感器	人体传感器	玄关鞋柜处、过道、床下	—
	门窗传感器	门、窗户、抽屉上	—
	温湿度传感器	各个房间	—
	人在传感器	人经常逗留的空间	纽扣电池、电源插座
	空间传感器	大空间且居中的位置	电源插座
智能家电	扫地机器人	阳台、卫生间或者洗衣房	电源插座、上下水
	洗地机	阳台、卫生间或者洗衣房	电源插座、上下水
	智能坐便器	卫生间	电源插座、上下水
	智能晾衣架	阳台、洗衣房	电源插座
	空气检测仪	空气质量不好的地方	电源插座
	智能床	卧室	电源插座